# 비유클리드기하학

제2판

고석구 지음

경문사

# 머리말

기하학은 유클리드기하학과 비유클리드기하학으로 크게 나눌 수 있다. 이 책은 학부과정의 비유클리드기하학의 강의를 위한 것으로 구면기하학과 쌍곡기하학 등을 뫼비우스 변환을 이용해 다루었다.

오늘날의 학문이 그러하듯이, 기하학도 수학의 다른 분야 —대수학, 위상학, 실해석학, 복소해석학 등— 와 떨어뜨려 다룰 수 없기 때문에 그것에서 만나는 개념에 대한 구체적인 근거를 제공하는 것이 이 책의 첫 번째 목표이다. 그래서 각 과목간의 차이점을 극복하고 수학의 진정한 맛을 느낄 수 있는 기반을 형성하고자 한다.

수학공부의 기본자세는 어떤 것의 존재의 문제에만 관심을 두는 것이 아니라 구성의 문제에까지 관심을 갖는 것이다. 이를 뒷받침하기 위해 두 번째 목표로 기하학적 조사를 위한 계산 기술과 자세의 축적을 제공하고자 한다.

쌍곡기하학에서는 기하학 본래의 성질과 더불어 복소해석학과의 밀접한 관계를 살펴봄으로써 쌍곡기하학에 대한 신비성을 다소나마 제거해 주었다. 또한 나중에 복소해석학과 리만면 이론의 공부에 이용할 수 있도록 하였다. 쌍곡기하학의 개념과 계산 기술에 익숙한 것은 수학을 공부하는 학생들에게 풍부한 재산이 된다.

4장에서는 비유클리드기하학의 발견이 우리의 생활에 다가와서 수학자, 과학자들에게 끼친 문화적 충격에 대해 논하였다.

이 수정판은 초판과 근본적으로 다른 것은 없고, 초판에서 나타난 몇 가지 오타, 서툰 문장과 그림의 오류를 바로 잡았다.

이제 이 책을 완성하기까지 인내해 주고 격려해 준 가족에게 고마움을 전하고, 도서출판 경문사 여러분께 감사드린다.

2006년 1월
단월벌에서 지은이

# 차 례

# 비유클리드기하학의 탄생

기하학은 도형의 길이, 넓이, 부피 등을 측정하는 관점에서 기원전 수세기 전부터 여러 문화에 걸쳐 자연스레 발생하고 발전되었다. 우리가 알고 있듯이 기하학의 과학, 즉 유효성의 증명에는 단지 순수한 이성만이 필요한 이상적 도형에 관한 추상적 명제의 모임은 그리스인들에 의해 창조되었다. 역사학자들은 기하학의 기원은 **탈레스**(Thales)라는 것에 동의한다. 그러나 그는 기원전 585년의 일식을 예견한 것으로 알려진 것 이외에는 특별히 우리에게 알려진 것이 없다.

기원전 300년경에 알렉산드리아의 **유클리드**는 그 시대의 기하학의 아름다움의 일부를 책 —〈원론〉(The Elements)— 으로 엮었다. 이 책은 그 후 2000년간 모든 기하학자들의 연구의 출발점이 되었다.

수학의 가장 매혹적인 면 중의 하나는 옳으면서도 동시에 그를 수 있는 명제가 존재한다는 것이다. 이중 가장 유명한 것은 아마도 논쟁을 일으킬 만한 **평행선 공준**이라고도 불리는 다음의 유클리드의 공준 V일 것이다.

> V. 두 직선에 동시에 내리는 한 직선이 같은 쪽에서 2직각보다 작은 내부각을 이룬다면, 두 직선이 무한대로 연결될 때 각이 2직각보다 작은 쪽에서 만난다.

유클리드 자신도 이 공준을 전적으로 믿지는 않은 것 같다. 이는 위대한 업적 〈원론〉에 있는 처음 28개의 성질을 가능한 한 공준 V를 사용하지 않고 증명했다는 것에서 미뤄 짐작할 수 있다. 유클리드 이후에, 수학자들은 유클리드가 논의하기를 소홀히 한 가정들을 구체화하려고 시도했었는데, 특히 관심을 끈

것이 바로 이 평행선 공준이다. 그것은 단지 직관적인 흉미일 뿐 (거추장스럽긴 하지만) 사람들은 그것은 유클리드의 처음 네 개의 공준, 정의와 28개의 성질로부터 유도될 수 있을 것이라고 느꼈다. 다섯 번째 공준에 대한 많은 "증명들"이 제시되었으나 그것들은 대부분 우리가 증명해야 할 것과 동치인 숨겨진 가정을 포함하고 있다. 그러한 동치조건 중의 세 개는

I. 두 개의 만나는 직선은 같은 직선과 평행일 수 없다. (플레이페어)

II. 평행선들은 서로로부터 일정한 거리를 유지한다. (프로클로스)

III. 삼각형의 내부각의 합은 2직각이다. (르장드르)

1763년에 클뤼겔(Klügel)은 유클리드가 평행선 공준을 서술한 뒤, 그것을 증명하려 했던 2000년 동안의 모든 (중요한) 시도를 평가한 논문을 썼다. 그는 조사한 28개의 증명 중 하나도 만족할 만한 것을 찾지 못했다. 특별히 관심을 가질 만한 것은 사케리(J. Saccheri, 1667-1733)의 연구였다. 사케리는 다섯 번째 공준의 부정을 가정하고 모순을 이끌어 내려는 희망을 품고 논리적 결과를 유도했다. 그는 이상하게 보이는 많은 결과를 유도했는데, 그 중의 몇 가지는 유클리드의 다른 공준과 불일치한다고 주장했다. 실제로, 그는 오늘날 우리가 쌍곡기하학이라 부르는 몇 가지 기본적인 사실을 발견했다.

가우스(Gauss, 1777-1855)는 이 부정은 결코 모순을 이끌어내지 못하고 이 기하학은 유클리드의 그것과 다르게 나타날 수 있음을 감지한 최초의 수학자였다. 그를 강타한 이 생각은 너무나 혁명적이라 그는 이것을 감히 발표하지 못했다. 1829년에 그는 유클리드의 사고가 하도 확고해 "이 멍청이들의 고함"을 두려워했다고 적었다. 로바체프스키(Lobachevsky, 1793-1856)와 볼리아이(Bolyai, 1802-1860)는 모순이 없고 유클리드의 다섯 번째 공준을 부정하는 기하학을 독립적으로 연구했다. 이 연구는 1829년과 1832년에 각각 출판되었다. 이 경험에 의하면 가우스는 멍청이를 과대평가했었다는 것이 증명되었다. 그들은 새로운 이론에 무관심했다.

거의 40년 후에 벨트라미(Beltrami, 1835-1900)와 클라인(Klein, 1849-1925)은 유클리드기하학 안에 볼리아이와 로바체프스키의 기하학의 모형을 구성하였다. (현재는 이 기하학을 쌍곡기하학이라 부른다.) 따라서 유클리드기하학이 모순이 없다면 쌍곡기하학도 그렇다는 것이 확립되었다. 쌍곡기하학이 평행 공준을 제외한 유클리드의 모든 가정을 만족하므로 평행 공준의 증명은 불가능하다는 것이 결국 결정되었다.

기하학에서의 진전은 계산 시설의 부족에 의해 자주 방해받았던 차에, 데카르트(Descartes, 1596-1650)에 의한 해석기하학의 발견은 더 많은 문제에 대한 간단한 접근을 가능하게 했다. 예를 들어, 전에는 매우 복잡했던 주제, 원추곡선이론을 아주 쉽게 다룰 수 있게 해줬다. 데카르트 이후에 해석적 방법은 기하학자들로 하여금 대수학과 미적분학에서의 새로운 발전을 사용할 수 있도록 해주었기 때문에 이 방법들은 풍요롭게 되었다.

기하학의 범위는 리만(Riemann, 1826-1866)에 의해 매우 크게 확장되었다. 그는 곡면의 기하학은 다수의 새로운 기하학의 예를 제공함을 인식하였다. 곡면 위에 놓여 있는 곡선은 그것의 각각의 작은 선분이 이것의 양 끝점을 잇는 가장 짧은 곡선이라면 선이라 불린다고 가정하자. 예를 들어, 곡면이 구이면 직선은 대원이다. 이중타원기하학 또는 구면기하학이라 불리는 이 기하학에서 다음 정리가 유효하다.

i. 직선의 모든 쌍은 두 개의 교점을 갖는다. 이 교점은 원점에 대칭인 점들이다. 즉, 두 점은 같은 지름의 반대 끝쪽에 놓여 있다.

ii. 원점에 대칭이 아닌 점들의 쌍은 정확히 한 개의 직선을 만든다. 원점에 대칭인 점들의 쌍은 그것들을 통과하는 무수히 많은 직선을 만든다.

iii. 삼각형의 각의 합은 2직각보다 크다. 삼각형이 세 직각을 가질 수 있다.

리만과 슐래플리(Schläfli, 1814-1895)는 고차원 유클리드 공간과 구형 공간을 고려하고, 리만은 1854년의 괴팅겐에서의 그 유명한 취임강연에서 현재 리만 다양체라 불리는 임의의 차원의 일반적인 공간의 연구로서 기하학의 기본을 설정했다. 이 공간은 현대 미분기하학에서 연구의 주된 주제이다. 그 이름이 나타내듯이 사용되는 방법은 미적분학에 의존한다. 리만기하학은 일반상대성이론(1916)의 기초로서 아인슈타인(Einstein, 1879-1955)에 의해 이용되었다.

가우스가 삼각형의 각의 합과 곡률이 발생하는 곡면의 곡률과의 관계를 관찰했지만, 리만과 그의 후속 연구자들은 이 사고를 리만 다양체 위에서 적용했다. 따라서 곡률은 아직은 미분기하학에서 중요한 현상이고, 그것은 공간의 기하학이 유클리드기하학과 얼마나 다르게 다루어져야 하는가를 제시한다.

비록 유클리드는 유클리드기하학이 물리적 세계에 관한 옳은 사실들을 포함하고 있다고 믿었지만, 그는 그가 실제의 이상화를 다루고 있다는 것을 깨달았다. 그는 무한 길이 같은 것이 물리적으로 존재한다는 것을 뜻하지는 않았다. 그러나 실제 물체들은 상당수의 직관적 성질에 의존했다. 기하학이 그것의 증명들을 물리적 개념들의 의존으로부터 자유로워지게 하기 위해, 힐베르트(Hilbert, 1862-1943)는 1899년에 기하학의 기본을 다시 썼다. 힐베르트는 무정의 용어(즉 점, 선, 평면), 무정의 관계 (즉 공선성, 합동, 중간성)와 무정의 용어나 무정의 관계들에 의해 표현된 몇 가지 공리로부터 시작했다. 논리의 일반적 법칙에 의해 이것으로부터 유도될 수 있는 것은 이 특수한 기하학에서 유효한 기하학적 정리였다. 공리의 선택은 취향의 문제였다. 물론 어떤 기하학들은 관심이 있고 어떤 것들은 그렇지 않지만, 그것은 주관적인 판단이다. 정리들은 무정의 용어의 성질에 의존하지 않고 그것들이 만족하는 공리들에 의존한다.

그를 감싸고 있는 모든 이러한 기하학들을 보면서, 클라인은 1872년에 각 기하학의 정리(성질)들이 변환군 하에서 참으로 남는 변환군에 따라 그것들을 분류하는 것을 제안했다. 그후로부터, 군 이론은 기하학자에게 그 중요성이 증가되었다. 리만의 새 기하학은 복잡한 변환군을 발생시켰다. 곧이어 이 군들을 연구하기 위한 기술들이 자체적으로 발전되었다.

이 주제에 대한 많은 연구가 리(Lie, 1842-1899)에 의해 이루어졌고, 이 군들은 그를 기려 리군으로 알려지게 되었다. 리군과 미분기하학은 현대 수학 연구의 활동적인 분야이다.

# 1. 뫼비우스 변환과 뫼비우스기하학

## 1.1 입체사영

지금까지 복소수는 평면상의 점으로 나타낼 수 있다. 또한 그것을 구 위의 점으로 생각하는 것이 때로는 유용하다. 일반적으로 구면 전체에서 평면으로의 전단사 연속사상을 구성하는 것은 가능하지 않다. 그러나 입체사영(그림 1.1)은 사영의 중심인 북극 $N(0,0,1)$을 뺀 나머지를 평면으로 전단사이면서 연속적으로 사상한다.

원점에서 복소평면에 접하는 단위지름을 가진 구를 생각하자. 직교좌표 $(\xi,\eta,\zeta)$

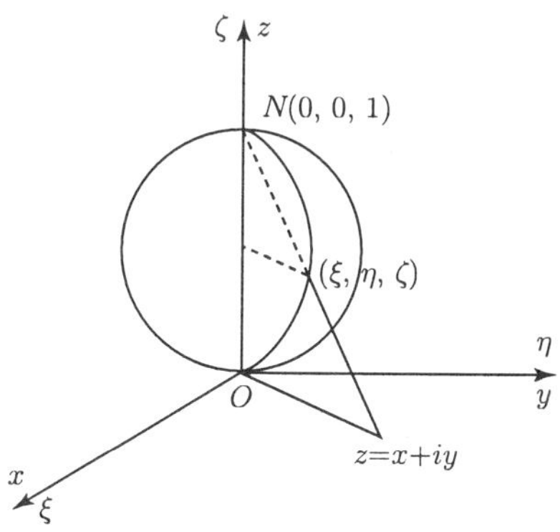


그림 1.1 복소평면에 접하는 구

에 관해 표현하면 구의 방정식은

$$\xi^2 + \eta^2 + \left(\zeta - \frac{1}{2}\right)^2 = \left(\frac{1}{2}\right)^2$$

이다. 평면의 각각의 점 $z = x + yi$에 대해, 점을 북극 $N(0, 0, 1)$과 잇는 선분은 (북극 외의) 유일한 점에서 구와 만난다. 역으로 북극 외의 구 위의 점에 대해, 점과 북극을 잇는 선분의 연장선은 유일한 점에서 복소평면과 만난다. 따라서 복소평면과 북극을 뺀 리만 구 사이에 일대일 대응을 구성하였다. 이 예외를 포함하기 위해서는 ($\infty$로 놓는) **무한점**이라 불리는 이상점을 복소평면 $\mathbb{C}$에 더하고, 이것을 북극 $N$과 대응시킨다. 확장된 복소평면을 $\widehat{\mathbb{C}}$이라 놓는다. 따라서, $\widehat{\mathbb{C}} = \mathbb{C} \cup \{\infty\}$이다. 이것을 (복소)평면의 $\infty$에 의한 **완비화**라 한다.

두 객체 간에 대응하는 좌표를 구체적으로 구해보자. $z = x + yi \in \mathbb{C}$가 리만 구 위의 점 $(\xi, \eta, \zeta)$와 대응한다고 하면, 닮음 삼각형을 고려하여,

$$\frac{x}{\xi} = \frac{y}{\eta} = \frac{1}{1 - \zeta}$$

즉,

$$x = \frac{\xi}{1 - \zeta}, \qquad y = \frac{\eta}{1 - \zeta}$$

를 얻는다. 즉,

$$z = \frac{\xi + \eta i}{1 - \zeta}, \qquad x^2 + y^2 = \frac{\zeta}{1 - \zeta}$$

이다. 역으로, $\xi, \eta, \zeta$를 $x, y$와 $z$에 관해 풀면,

$$\begin{aligned}
\xi &= \frac{x}{1 + |z|^2} = \frac{z + \bar{z}}{2(1 + |z|^2)}, \\
\eta &= \frac{y}{1 + |z|^2} = \frac{z - \bar{z}}{2(1 + |z|^2)i}, \\
\zeta &= \frac{|z|^2}{1 + |z|^2}
\end{aligned}$$

을 얻는다. 평면 위의 원(또는 직선)의 리만 구 위로의 상을 구하기 위해, 이 관계식을 평면의 원(만약 $A = 0$이면 직선)의 방정식, 즉 $A, B, C, D \in \mathbb{R}$이고 $B^2 + C^2 \geq 4AD$일 때,

$$A(x^2 + y^2) + Bx + Cy + D = 0$$

에 대체한다. 그러면 선형방정식

$$A\zeta + B\xi + C\eta + D(1-\zeta) = 0$$

을 얻는다. 이 평면이 주어진 리만 구와 실제로 만날 조건은 (구의 중심에서 평면까지의 거리를 계산하여 얻게 되는)

$$\left|\frac{\frac{1}{2}(A-D)+D}{\sqrt{B^2+C^2+(A-D)^2}}\right| \le \frac{1}{2}$$

인데, 이것은 복소평면 위의 원래의 방정식은 실제로 원이 되는 조건 $B^2+C^2 \ge 4AD$이다. 더욱이, $A=0$이면, 북극 $N(0,0,1)$은 평면의 방정식을 만족한다. 평면과 구의 교점은 원이기 때문에, 다음 정리의 처음 반을 얻었다.

**[정리 1.1]** 입체사영에 의해 평면의 원과 직선은 구 위의 원으로 사상한다. 직선은 북극을 지나는 원으로 사상한다. 역으로, 구 위의 원은 평면의 원과 직선으로 사상한다.

**증명** 역을 증명하기 위해, 구 위의 원은 (실제적인 만남을 보증하는)

$$\left|\frac{\frac{1}{2}C+D}{\sqrt{A^2+B^2+C^2}}\right| \le \frac{1}{2}, \qquad \text{즉,} \qquad A^2+B^2 \ge 4D(C+D)$$

를 만족하는 구와 평면

$$A\xi + B\eta + C\zeta + D = 0$$

의 교점임을 관찰하자. $x, y$에 관해, 이 방정식은

$$(C+D)(x^2+y^2) + Ax + By + D = 0$$

의 형태를 취한다. $C+D \neq 0$이면, 방정식은 원을 나타내고, $C+D=0$(즉, 구 위의 원이 북극을 지나면)이면, 방정식은 직선을 나타낸다. □

특히, 이것은 평면의 임의의 두 직선은 무한대에서 만난다는 것을 정당화한다. 구면 위에서는 거리가 유계이지만 평면에서는 무한정이기 때문에 분명히 입

체사영은 거리를 보존하지 않는다. 그러나 다음과 같은 입체사영의 다른 중요한 성질이 성립한다.

**[정리 1.2 (등각성, 극소 유사성)]** 입체사영은 각-보존 변환이다.

**증명** 일반성을 잃지 않고, 평면의 두 교차하는 곡선은 직선이라 가정할 수 있다. 이제, 점 $(x_0, y_0)$에서 만나는 평면의 두 직선을 점 $(\xi_0, \eta_0, \zeta_0)$과 북극에서 만나는 구의 두 원으로 사상하고, 이 두 원의 두 교점에서 서로 같은 각을 만든다. 평면의 두 직선이

$$A_1x + B_1y + C_1 = 0, \qquad A_2x + B_2y + C_2 = 0$$

이면, 그들의 입체사영 상은 각각 평면

$$A_1\xi + B_1\eta + C_1(1-\zeta) = 0, \qquad A_2\xi + B_2\eta + C_2(1-\zeta) = 0$$

이다. 북극에서 대응하는 원의 접선은 이 평면과 평면 $\zeta = 1$의 교점이다. 즉, 그 방정식은 각각

$$A_1\xi + B_1\eta = 0, \quad \zeta = 1; \qquad A_2\xi + B_2\eta = 0, \quad \zeta = 1$$

이다. 복소평면의 두 직선 사이의 각은 (평면 $\zeta = 1$이 복소평면에 평행이기 때문에) 북극에서의 두 접선 사이의 각과 같다. □

사실은, 접선을 갖는 곡선의 성질은 입체사영에 의해 보존된다는 사실을 증명해야 하는데 이는 미적분학과 관련되어 있음을 유의하라. (여러분이 증명해 보라.)

## 1.2 뫼비우스 변환

이제 뫼비우스 변환(선형분수변환, 쌍선형변환, 호모그래픽변환 등)이라 부르는 기초적이지만 유용한 함수를 다룬다. 먼저 몇 가지 관찰해 보자.

실변수의 실가 함수의 행동을 다루기 위해서는 그래프를 이용한다. 함수의 그래프를 그리기 위해 $(x, y)$-평면을 사용한다($x$는 변수, $y$는 함수) —이것은 우리들의 가시적 이해와 직관을 돕지만, 복소변수의 복소함수에 대해서는 사용될 수 없다— 4차원 공간이 필요하다(변수 $z$에 대해 2차원, 함수 $w$에 대해 2차원). 이것은 우리가 사는 세상의 차원을 넘어선다. 따라서, 복소변수의 복소함수를 공부하기 위해서는, 두 장의 복소평면, 변수 $z$에 대해 $z$-평면, 함수 $w$에 대해 $w$-평면을 사용한다. 이것은 실변수의 실가 함수의 경우에서처럼 이상적이지 않지만, 이것이 우리가 다룰 수 있는 최선이다.

**[정의 1.1]** 뫼비우스 변환은 형태

$$w = T(z) = \frac{\alpha z + \beta}{\gamma z + \delta}, \quad \alpha, \beta, \gamma, \delta \in \mathbb{C}, \qquad \begin{vmatrix} \alpha & \beta \\ \gamma & \delta \end{vmatrix} = \alpha\delta - \beta\gamma \neq 0$$

의 특수한 유리함수이다. 조건 $\alpha\delta - \beta\gamma \neq 0$은 $T$가 상수가 아님을 보장한다.

뫼비우스 변환은 $z = -\dfrac{\delta}{\gamma}$를 제외한 $z$-평면의 모든 점에서 정의되고, 역변환

$$z = T^{-1}w = \frac{\delta w - \beta}{-\gamma w + \alpha}, \qquad \begin{vmatrix} \delta & -\beta \\ -\gamma & \alpha \end{vmatrix} = \begin{vmatrix} \alpha & \beta \\ \gamma & \delta \end{vmatrix} \neq 0$$

도 또한 뫼비우스 변환이고, 이것은 $w$-평면의 모든 점은 $w = \dfrac{\alpha}{\gamma}$를 제외하고는 (유일한) 역상을 가짐을 말한다. $z = -\dfrac{\delta}{\gamma}$의 상을 $w = \infty$로, $w = \dfrac{\alpha}{\gamma}$의 역상을 $z = \infty$로 정의함으로써 뫼비우스 변환을 리만 구를 자신 위로 보내는 사상으로 생각하여 이 예외를 제거하는 것이 유리하다. 뫼비우스 변환의 역은 일가임을 유의하면, 뫼비우스 변환의 정의의 이 확장은 뫼비우스 변환은 완비 복소평면 $\widehat{\mathbb{C}}$의 자기자신 위로의 전단사(일대일, 위로) 사상임을 말할 수 있게 한다.

항등사상($\beta = \gamma = 0, \alpha = \delta$)은 분명히 뫼비우스 변환이다. 더욱이, 뫼비우스 변환의 합성은 뫼비우스 변환이다. 즉, $z$-평면을

$$w_1 = T(z) = \frac{\alpha z + \beta}{\gamma z + \delta}, \qquad \begin{vmatrix} \alpha & \beta \\ \gamma & \delta \end{vmatrix} \neq 0$$

에 의해 $w_1$-평면 위로 사상하고, $w_1$-평면을

$$w = S(w_1) = \frac{aw_1 + b}{cw_1 + d}, \qquad \begin{vmatrix} a & b \\ c & d \end{vmatrix} \neq 0$$

에 의해 $w$-평면 위로 사상한다면, 결과는

$$w = ST(z) = \frac{(a\alpha + b\gamma)z + (a\beta + b\delta)}{(c\alpha + d\gamma)z + (c\beta + d\delta)}$$

에 의해 주어지는 $z$-평면에서 $w$-평면 위로의 뫼비우스 변환이다. 여기서

$$\begin{vmatrix} a\alpha + b\gamma & a\beta + b\delta \\ c\alpha + d\gamma & c\beta + d\delta \end{vmatrix} = \begin{vmatrix} a & b \\ c & d \end{vmatrix} \cdot \begin{vmatrix} \alpha & \beta \\ \gamma & \delta \end{vmatrix} \neq 0$$

을 만족한다. 비슷하게 결합법칙을 밝힐 수 있다. 지금까지 다음 정리를 증명하였다.

**[정리 1.3]** 모든 뫼비우스 변환들의 집합 $\mathcal{M}$은 **군**을 이룬다. 즉, 다음 네 공준을 만족한다.

(a) 임의의 두 $T, S \in \mathcal{M}$에 대해, 그들의 **곱**(합성) $TS$가 정의되고, $\mathcal{M}$의 원소이다. 즉, $TS \in \mathcal{M}$.

(b) $\mathcal{M}$은 **항등원**이라 부르는 다음 성질을 만족하는 원소 $E$를 갖는다.

$$\text{모든 } T \in \mathcal{M}\text{에 대해,} \qquad TE = ET = T.$$

(c) 모든 원소 $T \in \mathcal{M}$에 대해, $T$의 역이라 부르는 다음 성질을 만족하는 원소 $T^{-1} \in \mathcal{M}$가 존재한다.

$$TT^{-1} = T^{-1}T = E.$$

(d) 결합법칙이 성립한다. 임의의 $T, S, U \in \mathcal{M}$에 대해,

$$(TS)U = T(SU).$$

**[정의 1.2]** $\widehat{\mathbb{C}}$ 위에 작용 군을 $\mathcal{M}$으로 정의한 쌍 $(\widehat{\mathbb{C}}, \mathcal{M})$은 **뫼비우스기하학** 모형이다.

뫼비우스 변환의 곱에 대한 표현은 행렬을 생각나게 한다. 위의 뫼비우스 변환 $T$와 $S$를

$$T = \begin{pmatrix} \alpha & \beta \\ \gamma & \delta \end{pmatrix} \qquad S = \begin{pmatrix} a & b \\ c & d \end{pmatrix}$$

로 쓰면,

$$ST = \begin{pmatrix} a\alpha + b\gamma & a\beta + b\delta \\ c\alpha + d\gamma & c\beta + d\delta \end{pmatrix}$$

가 된다. 즉, 이 기호는 행렬 연산과 일치하거나, 또는 모든 $2 \times 2$ 가역행렬의 군은 뫼비우스 변환들의 군과 **준동형적**이다.

군의 부분집합이 (같은 군 연산하에서) 군이라면 **부분군**이라 불린다. 뫼비우스 군의 부분군의 예를 몇 가지 들어보자.

**[예제 1.1]** 모든 평행이동

$$w = T(z) = z + b \qquad (\text{적당한 상수 } b \in \mathbb{C})$$

의 집합.

**[예제 1.2]** 모든 확대변환

$$w = T(z) = \alpha z \qquad (0\text{이 아닌 적당한 상수 } \alpha \in \mathbb{C})$$

의 집합.

실제로, 이 부분군은 두 개의 중요한 부분군을 포함한다.

(a) 확장(또는 닮음)변환 :

$$w = T(z) = az \qquad (a\text{는 양의 상수}).$$

이것은 인자 $a$에 의해 단지 확장(또는 축소)하는 것이다.

(b) 회전변환 :

$$w = T(z) = kz \qquad (\text{단 } |k| = 1).$$

이것은 원점에 관해 $k$의 편각만큼 회전한 회전변환이다. 확장변환과 회전변환은 교환가능하고 모든 확대변환은 확장변환과 회전변환의 곱임을 유의하라.

**[예제 1.3]** 항등원과 상반변환

$$w = T(z) = \frac{1}{z}$$

로 이루어진 $\mathcal{M}$의 부분집합은 또한 부분군이다.

이제 뫼비우스 변환

$$w = T(z) = \frac{\alpha z + \beta}{\gamma z + \delta}, \qquad \begin{vmatrix} \alpha & \beta \\ \gamma & \delta \end{vmatrix} \neq 0$$

을 정의하는 유리함수를 부분분수로 분해하자. 두 가지 가능성이 있다.

(a) $\gamma = 0$이면, $\delta \neq 0$이고,

$$w = \frac{\alpha}{\delta} z + \frac{\beta}{\delta}$$

를 얻는다.

(b) $\gamma \neq 0$이면,

$$w = \frac{\alpha z + \beta}{\gamma z + \delta} = \frac{\alpha}{\gamma} - \frac{(\alpha\delta - \beta\gamma)/\gamma}{\gamma z + \delta}.$$

이다. 따라서 뫼비우스 변환은 확대변환, 평행이동과 상반변환의 곱이다.

평행이동과 확대변환은 직선을 직선으로 원을 원으로 사상하는 것은 분명하다. 이것은 상반변환에 대해서는 옳지 않다. 그러나, 모든 직선과 원의 족을 불변시킨다.

$$A(x^2 + y^2) + Bx + Cy + D = 0 \qquad (B^2 + C^2 > 4AD),$$

또는 복소기호를 써서

$$az\bar{z} + \bar{b}z + b\bar{z} + c = 0 \qquad (|b|^2 > ac)$$

을 평면의 임의의 원($a = 0$이면 직선)이라 가정하자. 단, $a = A$와 $c = D$는 실수이고, $b = \frac{1}{2}(B + Ci)$는 복소수이다. 상반변환 $w = \frac{1}{z}$을 행하면,

$$a + \bar{b}\bar{w} + bw + cw\bar{w} = 0$$

을 얻는데, 이는 같은 형태의 방정식이다. 따라서 다음을 얻는다.

**[정리 1.4]** 뫼비우스 변환은 평면의 모든 원과 직선의 족을 자신으로 사상한다.

## 1.3 복비

뫼비우스 변환은 그것의 계수 사이의 비율에 의해 완전하게 결정된다. 따라서 세 조건이 주어지면 이 조건들을 만족하는 뫼비우스 변환을 찾을 수 있을 것이다. 특히, 원은 세 점에 의해 결정되고, 따라서 $z$-평면의 주어진 원을 $w$-평면의 주어진 원으로 사상하는 뫼비우스 변환을 찾을 수 있을 것이다.

다음 관찰로부터 시작하자.

$$\frac{aw + b}{cw + d} = \frac{\alpha z + \beta}{\gamma z + \delta}$$

라 가정하자. $w$를 $z$에 관해 풀면, $w$를 $z$의 뫼비우스 변환으로 얻고, 더욱이 한쪽변의 분자가 0이 되면, 다른쪽 변의 분자도 또한 0이 되어야만 하고, 분모도 유사하게 관련된다. 따라서, 뫼비우스 변환이 $z_1, z_2, z_3$을 각각 $w_1, w_2, w_3$으로 사상한다면,

$$\frac{w - w_2}{w - w_3} = k\frac{z - z_2}{z - z_3}$$

로 쓸 수 있는데, 여기서 $k$는 나중에 결정되어야 할 상수이다. $k$의 값에 관계없이, 뫼비우스 변환은 $z_2$와 $z_3$을 각각 $w_2$와 $w_3$으로 사상하는 이 등식에 의해 결정된다. 따라서, 남은 것은 $z_1$이 $w_1$에 대응하도록 $k$를 선택하는 것이다. 즉,

$$\frac{w_1 - w_2}{w_1 - w_3} = k\frac{z_1 - z_2}{z_1 - z_3}.$$

마지막 등식을 $k$에 대해 풀고, 이것을 그 앞의 것에 대입하면(동일하게, 이 두 등식을 나눔으로써 $k$를 소거하면),

$$\frac{w-w_2}{w-w_3}\Big/\frac{w_1-w_2}{w_1-w_3}=\frac{z-z_2}{z-z_3}\Big/\frac{z_1-z_2}{z_1-z_3} \tag{1.1}$$

를 얻는다. 이것으로 $z_1, z_2, z_3$을 각각 $w_1, w_2, w_3$으로 사상하는 뫼비우스 변환을 얻는다. 즉, 다음 정리를 증명하였다.

**[정리 1.5 (뫼비우스기하학의 기본정리)]** 임의의 세 복소 점 $z_1, z_2, z_3$을 서로 다른 세 복소 점 $w_1, w_2, w_3$으로 사상하는 유일한 뫼비우스 변환이 존재한다.

**[따름정리 1.1]** 서로 다른 세 점으로 이루어진 모든 도형은 뫼비우스기하학에서 합동이다.

식 (1.1)의 왼쪽 식과 오른쪽 식은 각각 매우 중요하므로 별도의 이름과 정의를 갖는다.

**[정의 1.3]** 네 복소수 $z, z_1, z_2, z_3$의 **복비**는 다음과 같이 정의된 함수이다.

$$(z, z_1; z_2, z_3) = \frac{z-z_2}{z-z_3}\frac{z_1-z_3}{z_1-z_2}.$$

$z_1, z_2$와 $z_3$이 상수라면 $z$의 함수로서 복비는 $z_1, z_2$와 $z_3$을 $1, 0$과 $\infty$로 각각 보내는 유일한 뫼비우스 변환이다.

이제 위의 정리 1.5와 식 (1.1)에서, 이 뫼비우스 변환이 또한 $z_0$을 $w_0$으로 사상한다면,

$$\frac{w_0-w_2}{w_0-w_3}\Big/\frac{w_1-w_2}{w_1-w_3}=\frac{z_0-z_2}{z_0-z_3}\Big/\frac{z_1-z_2}{z_1-z_3},$$

즉,

$$(w_0, w_1; w_2, w_3) = (z_0, z_1; z_2, z_3)$$

을 얻어야만 한다. 즉 다음을 증명하였다.

**[정리 1.6]** 복비는 뫼비우스 변환에 의해 불변이다.

**[따름정리 1.2]** $z_0, z_1, z_2, z_3$을 각각 $w_0, w_1, w_2, w_3$으로 사상하는 뫼비우스 변환이 존재할 필요충분조건은

$$(w_0, w_1; w_2, w_3) = (z_0, z_1; z_2, z_3)$$

인 것이다.

이 정리가 매우 일반적으로 유효하다는 것을 정당화하기 위해, 점 중의 하나가 $\infty$인 경우에 대해 이 점을 포함하는 인자를 단순히 제거함으로써 복비의 정의를 확장한다. 예를 들어, $z_0 = \infty$이면,

$$(z_0, z_1; z_2, z_3) = \frac{z_1 - z_3}{z_1 - z_2}$$

이다. 이것은

$$\begin{aligned}(z, z_1; z_2, z_3) &= \frac{z - z_2}{z - z_3} \Big/ \frac{z_1 - z_2}{z_1 - z_3} \\ &= \left(\frac{1 - \frac{z_2}{z}}{1 - \frac{z_3}{z}}\right) \cdot \left(\frac{z_1 - z_3}{z_1 - z_2}\right) \\ &\longrightarrow \frac{z_1 - z_3}{z_1 - z_2} \qquad (z \to \infty\text{일 때})\end{aligned}$$

임을 관찰해 보면 매우 자연스럽다.

따라서 주어진 점 $z_1, z_2, z_3 \in \mathbb{C}$을 미리 지정된 서로 다른 세 점 $w_1, w_2, w_3 \in \mathbb{C}$으로 보내는 뫼비우스 변환을,

$$\frac{w - w_2}{w - w_3} \Big/ \frac{w_1 - w_2}{w_1 - w_3} = \frac{z - z_2}{z - z_3} \Big/ \frac{z_1 - z_2}{z_1 - z_3}$$

로 단순히 놓고 $w$에 관해 이 방정식을 풀면, 항상 뫼비우스 변환을 구할 수 있다. 대응 $z_j \leftrightarrow w_j (j = 1, 2, 3)$가 뫼비우스 변환을 완전히 결정하므로, 원하는 뫼비우스 변환을 얻는다.

원은 그 위의 세 점에 의해 결정되고 뫼비우스 변환은 '원'을 '원'으로 사상하므로, $z$-평면의 주어진 원을 $w$-평면의 주어진 원으로 사상하는 뫼비우스 변환을 구할 수 있다. 더욱이, 첫 번째 원의 서로 다른 세 점은 두 번째 원의 서로 다른 세 점으로 사상될 수 있다.

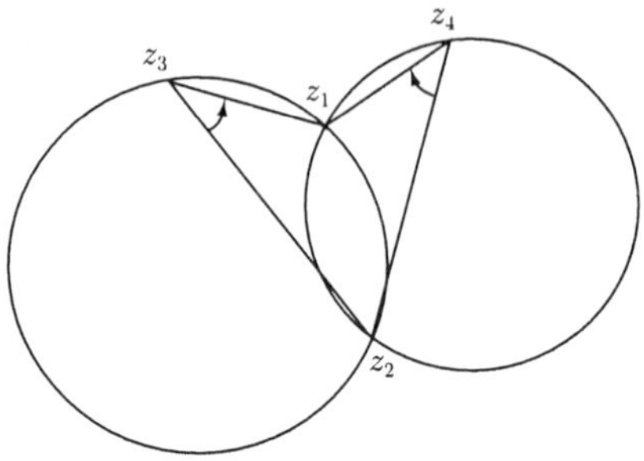


그림 1.2 교차하는 원에서의 편각의 비교

**[정리 1.7]** 네 점 $z_0, z_1, z_2, z_3$이 공순환점 또는 공선점이 될 필요충분조건은 이 점들의 복비 $(z_0, z_1; z_2, z_3)$이 실수인 것이다.

**증명** 네 점이 공순환적(또는 공선적)이기 위한 필요충분조건은 이 점들을 실축 위의 점으로 보내는 뫼비우스 변환이 존재하는 것이다. 네 점의 복비가 실수이므로, 정리 1.6에 의해 성립한다. □

**[정리 1.8]** 뫼비우스 변환은 등각사상이다. 즉, 뫼비우스 변환은 교차하는 곡선 사이의 각(방향과 크기)을 보존한다.

**증명** 일반성을 잃지 않고, 두 교차하는 곡선은 원이라 가정할 수 있다. $z_1, z_2$를 이 두 원의 교점이라 하자. 각각의 원 위에 임의의 점 $z_3$과 $z_4$를 택하면(그림 1.2),

$$\begin{aligned}\arg(z_3, z_4; z_1, z_2) &= \arg\left(\frac{z_3 - z_1}{z_3 - z_2}\right) - \arg\left(\frac{z_4 - z_1}{z_4 - z_2}\right) \\ &= \angle z_2 z_3 z_1 - \angle z_2 z_4 z_1\end{aligned}$$

이 된다.

$z_3$과 $z_4$가 각각의 원에서 $z_1$로 접근한다고 하면, 오른쪽 변은 두 교차하는 원 사이의 각이 된다. (기초기하학에 익숙하지 않은 독자는 다음 절(1.4절)의 논의를 모방해도 된다.) 그러나 복비는 뫼비우스 변환에 의해 불변이므로, 원하는 결과를 얻는다. □

$z$-평면의 원 $C$가 뫼비우스 변환 $T$에 의해 $w$-평면의 원 $C'$으로 사상한다고 가정하자. 원 $C$는 $z$-평면을 두 영역 $\Delta_1$과 $\Delta_2$로 나누고, 원 $C'$은 $w$-평면을 두 영역 $\Delta'_1$과 $\Delta'_2$으로 나눈다. $\Delta_1$의 임의의 두 점 $z_1$과 $z_2$를 원 $C$와 만나지 않는 원호 $\ell$(또는 선분)으로 연결할 수 있다. 그러면, 뫼비우스 변환 $T$에 의한 $\ell$의 상은 원 $C'$과 만나지 않는 $z_1$과 $z_2$의 상을 잇는 원호(또는 선분)이다. 따라서 $z_1$과 $z_2$의 상은 모두 $\Delta'_1$에 있거나 또는 모두 $\Delta'_2$ 안에 있다. 같은 논의가 $\Delta_2$의 두 점에 대해서도 성립한다. 뫼비우스 변환이 전단사이므로, 어떤 $z \in \Delta_1$에 대해, 그것의 상이 $T(z) \in \Delta'_1$이면, $\Delta_1$의 $T$에 의한 상은 반드시 $\Delta'_1$ 전체이어야 한다. 반면, $T(z) \in \Delta'_2$이면, $\Delta_1$의 $T$에 의한 상은 반드시 $\Delta'_2$ 전체이어야 한다.

이제 원 $C$와 그것의 반지름 중의 하나를 생각하자. 뫼비우스 변환 $T$에 의한 그들의 상은 직각으로 만나는 원 $C'$과 원호이다. 뫼비우스 변환은 각의 방향을 또한 보존하므로, 원 $C$의 내부가 뫼비우스 변환 $T$에 의해 원 $C'$의 내부로 사상한다면, 점 $z$가 원 $C$ 위를 반시계 방향으로 움직일 때, 그것의 상 $w$도 원 $C'$ 위를 또한 반시계 방향으로 움직인다는 것을 즉시 알 수 있다. 반면, 원 $C$의 내부가 원 $C'$의 외부로 사상한다면, 점 $z$가 원 $C$ 위를 반시계 방향으로 움직일 때, 그것의 상 $w$는 원 $C'$ 위를 시계 방향으로 움직인다.

역으로, 점 $z$와 뫼비우스 변환 $T$에 의한 그것의 상 $w$가 대응되는 원에서 같은 방향으로 움직인다면, $T$는 원 $C$의 내부를 원 $C'$의 내부로 보낸다. 반면 $z$와 $w$가 반대방향으로 움직인다면, $T$는 $C$의 내부를 $C'$의 외부로 사상한다.

다음 약속을 차용하는 것이 더 편리하다. 원(또는 곡선)을 (보통, 그것의 매개변수 방정식에 의해) **방향화된 곡선**이라 생각하면, 점이 원(닫힌 곡선) 위를 움직일 때, 우리가 왼쪽에서 보는 영역이 정의에 의해 **내부**이다. 이 약속 하에, 뫼비우스 변환은 항상 (원의) 내부를 (원의) 내부로 사상한다.

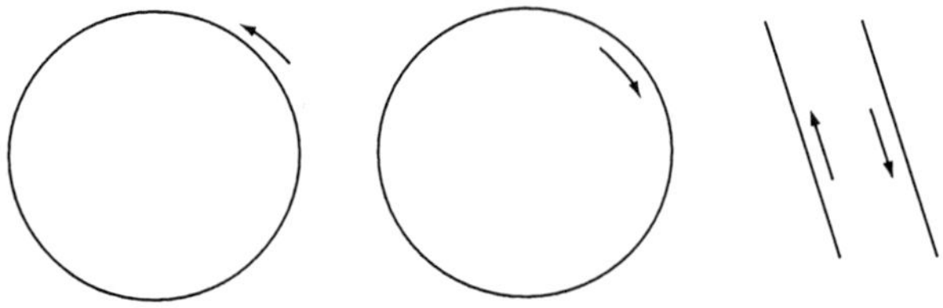

그림 1.3 방향과 내부

## 1.4 대칭원리

$A$와 $B$가 중심인 원이 직각으로 만난다고 하자. $A$에서 나온 사선이 원 $B$와 $P$와 $Q$에서 만난다고 가정하자.

$M$을 원 $A$와 $B$의 두 교점 중의 하나라 하고(여기서의 논의는 두 교점 중의 어느 것을 $M$으로 선택하는지에 관계없이 성립한다. —단지 $P$와 $Q$의 역할이 바뀐다면 약간의 변형이 필요할 뿐이다.) $MN$을 원 $B$의 지름이라 하자. 그러면

$$\angle AQM = \angle PNM = \frac{\pi}{2} - \angle PMN = \angle AMP$$

이고, 따라서

$$\Delta AMP \sim \Delta AQM$$

이다. (이 장에서는, 우리가 두 삼각형이 닮았다고 할 때 더 이상 그것들이 같은 방향을 갖는다고 하지 않음을 유의하라.) 그러므로, $r$이 원 $A$의 반지름일 때,

$$\overline{AP} : \overline{AM} = \overline{AM} : \overline{AQ}$$

가 성립하고, 따라서

$$\overline{AP} \cdot \overline{AQ} = \overline{AM}^2 = r^2$$

을 얻는다. 특히, 점 $Q$는 원 $B$가 원 $A$에 직교하고 점 $P$를 지난다는 의미에서 원 $B$에 의존한다. 그러나 무한개의 그러한 원이 존재한다.

두 점 $P$와 $Q$ 모두가 (원의 중심) $A$로부터의 사선 위에 있고, $r$이 원 $A$의 반지름이라면, 위의 마지막 등식을 만족하는 $P$와 $Q$는 원 $A$에 관해 서로 대칭(또는 서로의 반전)이라고 한다.

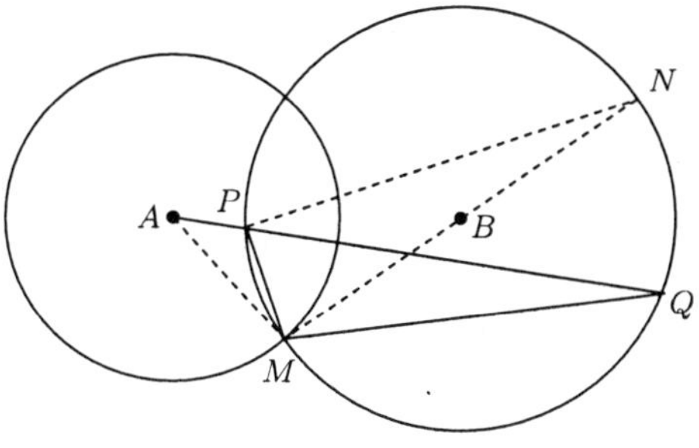


그림 1.4 직교하는 두 원

원의 중심과 무한점은 서로 대칭인 반면, 원 위의 점은 자기 자신과 대칭이다. 원이 직선으로 퇴화한다면, 두 점이 대칭일 필요충분조건은 직선에 관해 서로의 반사인 것이다.

지금까지 다음 정리의 첫 반을 증명하였다.

**[보조정리 1.1]** 원 $B$가 원 $A$에 직교하고 점 $P$를 지나면, 이것은 또한 원 $A$에 관해 점 $P$와 대칭인 점 $Q$를 지나야만 한다. 역으로, 원 $B$가 원 $A$에 관해 서로 대칭인 한 쌍의 점 $P$와 $Q$를 지나면, 원 $A$와 $B$는 서로 직교한다.

**증명** 역의 증명은 위의 논의를 단순히 되짚어 감으로써 얻을 수 있다. 위에서와 같은 기호를 써서, 가정에 의해

$$\overline{AP}\cdot\overline{AQ}=\overline{AM}^2,\quad \text{즉},\quad \overline{AP}:\overline{AM}=\overline{AM}:\overline{AQ}$$

를 얻는다. 그러므로

$$\Delta AMP\sim\Delta AQM$$

가 된다. 따라서

$$\angle AMP=\angle AQM=\angle PNM=\frac{\pi}{2}-\angle PMN$$

이 되고, 결과적으로

$$\angle AMB=\frac{\pi}{2}$$

를 얻게 된다. □

**[정리 1.9 (대칭원리)]** 뫼비우스 변환은 대칭을 보존한다.

**증명** 한 쌍의 점 $P, Q$가 원 $A$에 관해 대칭이고, 뫼비우스 변환 $T$는 $P, Q$와 원 $A$를 각각 점 $P', Q'$과 원 $A'$으로 사상한다고 가정하자. $P', Q'$이 원 $A'$에 관해 대칭이 됨을 보이고자 한다.

$B'$을 점 $P'$을 지나고 원 $A'$에 직교하는 원이라 하자. 그러면 이것의 역상 $T^{-1}B'$은 ($T^{-1}$이 뫼비우스 변환이고 따라서 등각사상이므로) 원 $A$에 직교하는 원이고, 점 $T^{-1}P' = P$를 지난다. 보조정리 1.1에 의해, 원 $T^{-1}B'$은 또한 점 $Q$를 반드시 지나야 한다. 따라서 원 $B'$은 점 $Q'$을 반드시 지나야 하고, 이는 $Q'$이 $A'$에 관해 $P'$과 대칭임을 유도한다. □

**[예제 1.4]** 단위원 $|z| = 1$을 단위원 $|w| = 1$ 위로 사상하는 뫼비우스 변환은 반드시

$$w = k\frac{z-\alpha}{1-\bar{\alpha}z}, \qquad (|k| = 1, |\alpha| \neq 1) \tag{1.2}$$

의 형태이어야만 한다.

**풀이** $\alpha(|\alpha| \neq 1,\ \alpha \neq \infty)$를 $w = 0$으로 사상되는 점이라 가정하면, 이것의 (단위원에 관한) 대칭 상 $\frac{1}{\bar{\alpha}}$은 반드시 $w = \infty$로 사상되어야만 한다. 따라서,

$$w = k'\frac{z-\alpha}{z-\frac{1}{\bar{\alpha}}} = k\frac{z-\alpha}{1-\bar{\alpha}z} \qquad (k = -\bar{\alpha}k')$$

이다. $|z| = 1$일 때 $|w| = 1$이므로, $z = 1$로 놓으면,

$$1 = |k| \cdot \left|\frac{1-\alpha}{1-\bar{\alpha}}\right| = |k|$$

를 얻는다. $\alpha = \infty$이면, 변환 $w = \frac{k}{z}$를 얻고, $|z| = 1$이면 $|w| = 1$이어야 하므로 $|k| = 1$을 얻는다. 역으로,

$$w = k\frac{z-\alpha}{1-\bar{\alpha}z}, \qquad (|k| = 1, |\alpha| \neq 1)$$

이라면, $|z| = 1$에 대해,

$$|w| = |k| \cdot \left|\frac{z-\alpha}{1-\bar{\alpha}z}\right| = \left|\frac{\bar{z}(z-\alpha)}{1-\bar{\alpha}z}\right| = \left|\frac{1-\alpha\bar{z}}{1-\bar{\alpha}z}\right| = 1$$

이 된다. 따라서, 그렇게 얻은 뫼비우스 변환은 조건을 만족한다. $z$-평면의 단위원의 내부는 $|\alpha| < 1$ 또는 $|\alpha| > 1$에 따라 $w$-평면의 단위원의 내부 또는 외부로 사상된다. □

**[예제 1.5]** $z$-평면의 실축을 $w-$평면의 단위원 $|w| = 1$로 사상하는 뫼비우스 변환은

$$w = k\frac{z-\mu}{z-\bar{\mu}}, \qquad (|k| = 1, \mu \notin \mathbb{R})$$

의 형태이어야만 한다.

**풀이** $w = 0, \infty$에 대응하는 $z-$평면의 점들은 실축에 관해 대칭이어야만 한다. 즉, 서로의 복소공액이다. 따라서

$$w = k\frac{z-\mu}{z-\bar{\mu}}, \qquad (\mu \notin \mathbb{R})$$

가 된다. $z$가 실수이면,

$$\left|\frac{z-\mu}{z-\bar{\mu}}\right| = 1$$

이고, $w$는 단위원 $|w| = 1$ 위에 있어야 하고, 따라서 $|k| = 1$을 얻는다. 역으로, 위 형태의 뫼비우스 변환은 분명히 원하는 조건을 만족한다. 위반 $z$-평면은 $\Im\mu > 0$ 또는 $\Im\mu < 0$에 따라 $w-$평면의 단위원 $|w| = 1$의 내부 또는 외부로 사상된다. □

## 1.5 한 쌍의 원

$z$-평면의 원은 뫼비우스 변환에 의해 $w$-평면의 미리 지정된 원에 사상될 수 있음을 이미 보았다. 그러나 한 쌍의 원에 대해서는 어떤가? $z$-평면의 한 쌍의 원 $C_1$과 $C_2$를 $w$-평면의 미리 지정된 한 쌍의 원 $C_1'$과 $C_2'$으로 뫼비우스 변환에

의해 사상할 수 있는가? $C_1$과 $C_2$가 각 $\theta$로 만난다면, 뫼비우스 변환이 등각적이므로, $C_1'$과 $C_2'$도 또한 각 $\theta$로 만나야만 함은 분명하다. 그러나 이 조건이 만족되면, 그러한 뫼비우스 변환의 존재를 보장할 수 있는가?

답은 희망적이다. 이 주장을 증명하기 위해서는 각 $\theta$로 만나는 임의의 한 쌍의 원 $C_1$과 $C_2$가 뫼비우스 변환에 의해 실축과 직선 $x\sin\theta - y\cos\theta = 0$으로 사상될 수 있는지를 보이면 된다. (왜 이것으로 충분한가?) 그러나, 이것을 증명하기는 쉽다. $C_1$과 $C_2$의 교점의 하나를 무한점으로 보내면, $C_1$과 $C_2$의 상들은 각 $\theta$로 만나는 두 직선이다. 이 두 직선의 교점을 원점으로 평행이동시키고 알맞은 각에 의해 회전시키면 원하는 결론을 얻는다.

위의 논의에서 $\theta \not\equiv 0 (\mathrm{mod}\,\pi)$라 가정했다. (어디서 이 가정을 사용했는가?) 따라서, 한 쌍의 원 $C_1$과 $C_2$가 서로 접하면 어떤가? 서로 접하는 한 쌍의 원 $C_1$과 $C_2$는 뫼비우스 변환에 의해 미리 지정된 한 쌍의 서로 접하는 원 $C_1'$과 $C_2'$으로 사상될 수 있음을 주장한다. 다시, 한 쌍의 서로 접하는 원 $C_1$과 $C_2$는 뫼비우스 변환에 의해 한 쌍의 평행선 $y = 0$과 $y = 1$로 사상될 수 있음을 보이면 충분하다. 다시 한번 이것을 증명하기는 쉽다. 이 두 원의 접점을 무한점으로 사상하면, 원 $C_1$과 $C_2$의 상은 한 쌍의 평행선이 된다. 이제 평행이동과 확대변환(즉, 회전변환을 행한 후 확장변환)을 시행하면, 원하는 결과를 얻는다.

남은 것은 한 쌍의 만나지 않는 원의 경우를 살펴보는 것이다. 한 쌍의 만나지 않는 원은 뫼비우스 변환에 의해 한 쌍의 동심원으로 항상 사상될 수 있다. 이것을 보이기 위해, 먼저 원 중의 하나, 예를 들어 $C_2$ 위에 점을 택하고, 이 점을 무한점으로 사상한다. 그러면, $C_1$과 $C_2$의 상은 서로 만나지 않는 원과 직선이다. 원을 $K$라 하고, 직선을 $\ell$이라 하자. $m$을 원 $K$의 중심을 지나고 직선 $\ell$에 직교하는 직선이라 하고, $H$를 직선 $\ell$과 $m$의 교점이라 하자. 교점 $H$는 원 $K$의 밖에 있음을 유의하라. 중심이 $H$이고 원 $K$에 직교하는 원 $S$를 그려라. (이것은 $H$에서 원 $K$로의 접선의 접점까지의 길이를 반지름으로 택함으로써 완성될 수 있다.) 마지막으로, 원 $S$와 직선 $m$의 교점의 하나(어느 것도 상관 없음)를 무한점으로 사상한다. 그러면, 원 $K$와 직선 $\ell$의 상들은 원 $S$와 직

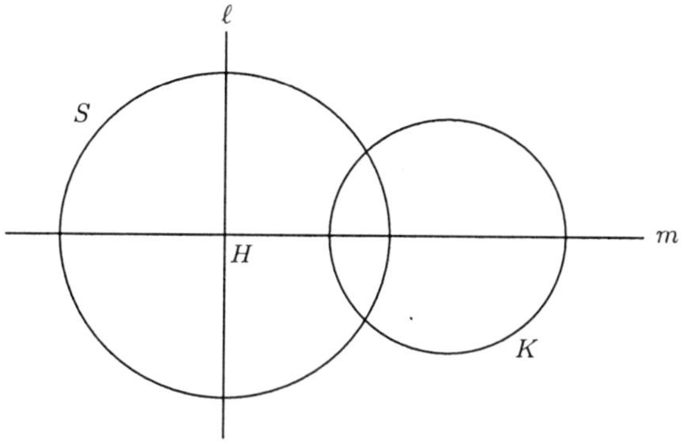


그림 1.5 직교하는 원의 작도

선 $m$의 상에 모두 직교하는 한 쌍의 원이다. 그러나 원 $S$와 직선 $m$의 상은 한 쌍의 직교 직선이다. 따라서 원 $K$와 직선 $\ell$의 상은 반드시 한 쌍의 동심원이어야 한다.

신중하게 유의하라. 임의의 만나지 않는 한 쌍의 원이 미리 지정된 한 쌍의 동심원에 사상될 수 있다는 것은 옳지 않다. 만나지 않는 한 쌍의 원이 주어질 때, 주어진 한 쌍의 원이 사상될 수 있는 한 쌍의 동심원의 반지름의 비는 우리가 어떤 영향도 끼칠 수 없는 내재적 성질이다.

**[예제 1.6]** $D = \{z \in \mathbb{C} : |z| \leq 1\}$를 닫힌 단위원반, $D'$을 $D$ 안에 있는 다른 닫힌 원반이라 하자. (특히, $D$와 $D'$의 경계원은 만나지 않는다.) 닫힌 단위원반을 자신 위로 사상하고, 원반 $D'$을 적당한 반지름 $r$을 가진 원반 $\{w \in \mathbb{C} : |w| \leq r\}$로 사상하는 뫼비우스 변환이 존재함을 보이고자 한다. 쇤베르크(Schoenberg, 1903-1991)[*Mathematical Time Exposures*, MAA, Washington, D.C., 1982, pp. 188-189]의 방법에 의해 다음과 같이 전개한다.

필요하다면 알맞은 회전변환에 의해, 일반성을 잃지 않고, $D'$의 중심이 실축 위에 있고,

$$[a, b] = D' \cap \{z \in \mathbb{C} : \Im z = 0\}$$

은 $D'$의 반지름이라 가정할 수 있다. $a + b = 0$이면, 증명할 것이 없다. 그래서 일반성을 잃지 않고, $a + b > 0$이라 가정할 수 있다. (실제로, $a + b < 0$일

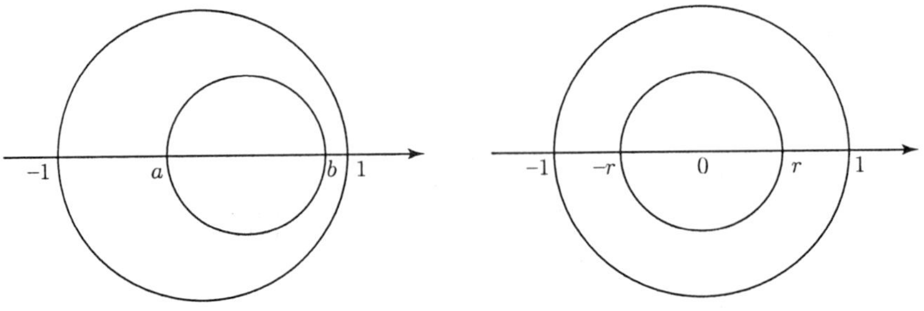

그림 1.6 내부원반을 가진 원반의 사상

지라도 아래 논의는 사소한 변형을 하면 옳다.)

1.4절의 예제 1.4를 기억하고, $z$-평면의 두 원반과 $w$-평면에서의 상은 모두 실축에 관해 대칭임을 고려하여, $\alpha$가 나중에 결정되어야 할 어떤 적당한 실수일 때, 형태

$$w = \frac{z-\alpha}{1-\alpha z}$$

의 뫼비우스 변환을 구하고자 시도한다. 모든 계수가 실수이므로, 이 뫼비우스 변환은 실축을 자신으로 사상한다. 더욱이, $-1$과 $1$은 뫼비우스 변환의 두 고정점이다. 뫼비우스 변환이 등각적이고, 원반 $D$와 $D'$의 경계원이 실축과 수직으로 만나기 때문에, $a$와 $b$를 ($r$이 실수일 때) $-r$과 $r$로 사상하는 알맞은 실수 $\alpha$를 구할 수 있음을 보이면 된다. 이것은

$$\frac{a-\alpha}{1-\alpha a} + \frac{b-\alpha}{1-\alpha b} = 0$$

이 실수 해를 가져야 함을 뜻한다. 마지막 방정식을 새로 쓰면,

$$\alpha^2 - \frac{2(1+ab)}{a+b}\alpha + 1 = 0$$

을 얻는다.

이것의 판별식(의 $\frac{1}{4}$)을 계산하면,

$$\begin{aligned} \left(\frac{1+ab}{a+b}\right)^2 - 1 &= \frac{1-a^2-b^2+a^2b^2}{(a+b)^2} \\ &= \frac{(1-a^2)(1-b^2)}{(a+b)^2} > 0 \qquad (-1 < a < b < 1) \end{aligned}$$

이 되므로, 방정식은 실수 해를 갖는다는 것을 알 수 있다. 더욱이, 계수의 부호로부터, 두 해 모두 양수임을 알 수 있다. 두 해의 곱이 1이고, $D$와 $D'$의 경계원이 서로 만나지 않는다는 가정에 의해 $\alpha = 1$은 해가 아니므로, 해 중의 하나는 0과 1 사이에 있고, 다른 하나는 1보다 크다고 결론지을 수 있다. $\alpha$로 0과 1 사이의 해를 택하면, 증명이 끝난다.

**참고** (a) 실제로, 단지 두 개의 경계원을 한 쌍의 동심원으로 사상하기만을 원한다면 어느 선택도 상관없지만 작은 원을 작은 원으로 사상하고자 하는 욕구가 더 강하다.

(b) 비록 $D' \supset D$(즉, $a < -1, b > 1$)이더라도 단지 간단한 변형만 하면 유효하다.

**[정리 1.10 (슈타이너(J. Steiner))]** $C, C'$을 하나가 다른 하나의 내부에 있는, 예를 들어 $C'$이 $C$의 내부에 있는, 평면의 두 원이라 하자. $C$에 내접하고, $C'$에 외접하는 원 $K_1$을 그려라. 다음에 $C$에 내접하고 $C'$과 $K_1$에 외접하는 원 $K_2$를 그려라. 이 과정을 계속하여 각각의 원 $K_j$가 $C$에 내접하고 $C', K_{j-1}, K_{j+1} (2 \leq j \leq n-1)$에 외접하는 원 $K_1, K_2, \cdots, K_n (n \geq 3)$의 사슬을 얻는다. 만약 $K_n$이 $K_1$(과, 물론, $C, C', K_{n-1}$)과 접한다면, 이것은 초기 원 $K_1$의 위치의 선택에 상관 없이 일어난다.

**증명** 원 $C$와 $C'$을 뫼비우스 변환을 이용해 두 동심원으로 사상하면 분명하다. □

**참고** 슈타이너는, $n$개의 원의 사슬이 서로 접하면서 내접할 때, 원 $C, C'$의 반지름 $r, r'$, 두 원의 중심간의 거리 $d$, $n$을 관련시키는 공식을 구했다.

$$d^2 = (r - r')^2 - 4rr' \tan^2\left(\frac{\pi}{n}\right).$$

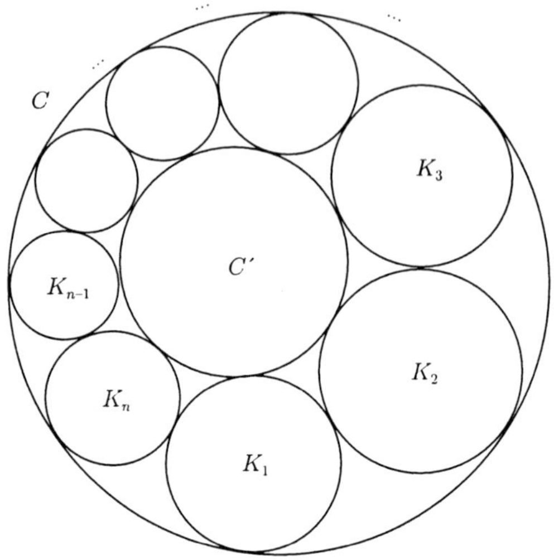


그림 1.7 접원들의 사슬

## 1.6 원의 속

두 원 $C_1$과 $C_2$가 주어질 때, $C_1$과 $C_2$에 직교하는 모든 원의 집합을 $C_1$과 $C_2$에 공액인 **원의 속**이라 부른다.

먼저 $z$-평면의 두 교차하는 원 $C_1$과 $C_2$의 경우를 생각하자. 1.5절의 논의에 의해, $C_1$과 $C_2$를 뫼비우스 변환에 의해 $w$-평면의 원점에서 교차하는 두 직선으로 사상할 수 있다. 원이 한 쌍의 교차하는 직선에 직교할 필요충분조건은 원의 중심이 두 직선의 교점인 것이므로, 한 쌍의 원 $C_1$과 $C_2$에 공액인 원의 속은 $w = 0$이 중심인 모든 동심원의 집합으로 사상되어야 한다. 원점과 무한점 외의 확장된 $w$-평면의 모든 점에 대해, 그 점을 지나는 속의 유일한 동심원이 존재한다. 원점과 무한점을 속의 **극한점**이라 부른다. $z$-평면의 원래의 배열에 관해, 이것은 속의 정확히 하나의 원이, 원 $C_1$과 $C_2$의 교점을 제외한 확장된 $z$-평면의 모든 점을 지나고, 속의 이들 원의 어느 두 원도 서로 만나지 않는다는 것을 의미한다. 이 형태의 속을 원의 **쌍곡속**이라 부른다.

이제 서로 만나지 않는 두 원 $C_1$과 $C_2$의 경우를 생각하자. 이 경우 원의 이 쌍을 뫼비우스 변환에 의해 $w$-평면의 원점을 그들의 중심으로 갖는 동심원의

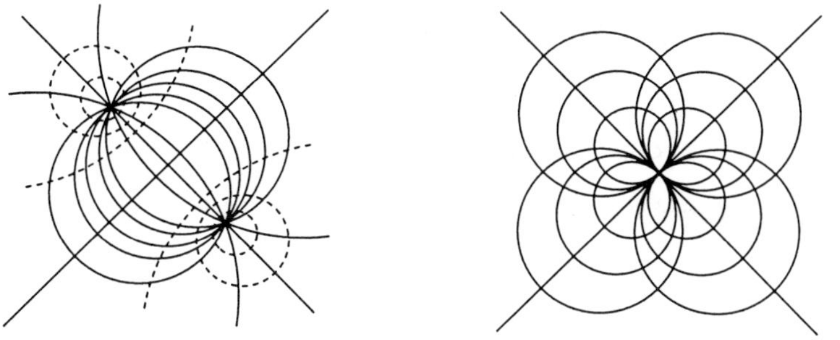

그림 1.8 원의 타원속

쌍으로 사상할 수 있다. 그러나 '원'이 한 쌍의 동심원에 직교할 필요충분조건은 원이 동심원들의 중심을 지나는 직선인 것이다. 따라서, $C_1$과 $C_2$에 공액인 원의 속의 상은 $w$-평면의 원점과 무한점을 지나는 모든 '원'의 집합이어야 한다. $z$-평면의 원래의 배열에 관해, 이것은 두 점을 지나는 원들이 두 주어진 원 $C_1$과 $C_2$에 직교하는 유일한 것들이 되는 두 점이 존재함을 뜻한다. 그 두 점은 $C_1$와 $C_2$ 모두에 관해 서로 대칭인 유일한 한 쌍의 점이다. 그것들을 속의 **공통점**이라 부른다. 두 고정점을 지나는 모든 원으로 이루어진 원의 속을 원의 **타원속**이라 부른다(그림 1.8).

마지막으로, $z$-평면의 두 주어진 원 $C_1$과 $C_2$가 서로 접하는 경우를 생각한다. 이 경우에는 $C_1$과 $C_2$를 $w$-평면의 한 쌍의 평행선으로 사상할 수 있다. '원'이 한 쌍의 평행선에 직교할 필요충분조건은 그것이 한 쌍의 평행선에 직교하는 직선인 것이다. 그래서 $C_1$과 $C_2$에 공액인 속의 원래의 속은 뫼비우스 변환에 의해 한 쌍의 평행선에 직교하는 모든 직선의 집합으로 사상되어야 한다. $z$-평면의 원래의 배열에 관해 이것은, 원 $C_1$과 $C_2$의 접점 외의 모든 점에서, 그 점을 지나고 원 $C_1$과 $C_2$와의 접점에서 이들 원과 직교하는 유일한 원이 존재함을 뜻한다. 이 속의 원들은 그들이 서로 접하는 하나의 공통점을 갖는다. 이 형태의 속을 원의 **포물속**이라 부른다(그림 1.8).

분명히, 속의 형태는 뫼비우스 변환에 의해 불변이다. 원점을 그들의 중심으로 갖는 동심원들의 속은 원점을 지나는 직선들의 속에 직교하므로, 원들의 쌍곡속은 원들의 타원속에 직교함을 알 수 있다. 만약 원들의 두 속이 하나의 속의 모든 원이 다른 속의 모든 원과 직교하는 성질을 갖는다면, 그들을 원의 공액속이라 부른다. 따라서 원들의 모든 쌍곡속은 정확히 하나의 공액속을 갖고, 이는 타원속이고, 역으로, 모든 타원속은 정확히 하나의 공액속을 갖는데, 이는 쌍곡속이다. 포물속들은 공액쌍으로 쌍을 지을 수 있다. 특히, 임의의 두 원이 주어질 때, 그들 모두를 포함하는 원들의 유일한 속이 존재한다. 이 속은 주어진 두 원이 $0, 1$ 또는 2개의 교점을 갖는가에 따라 쌍곡속, 포물속, 또는 타원속이다.

## 1.7 고정점과 뫼비우스 변환의 분류

점 $z_0$이 $T(z_0) = z_0$을 만족하면 변환 $T$의 **고정점**이라 한다. 뫼비우스 변환

$$w = \frac{az + b}{cz + d}$$

의 고정점은 방정식

$$cz^2 + (d - a)z - b = 0$$

을 만족해야만 한다. 이것은 $z$에 관한 2차 방정식이므로, 뫼비우스 변환 $T$가 세 개(또는 그 이상의) 고정점을 갖는다면, 모든 계수는 0이 된다. 즉,

$$c = 0, \qquad d - a = 0, \qquad b = 0$$

이고, 따라서 $T$는 항등변환이다. 앞으로 이 경우를 배제할 것이다.

(a) $c = 0, a - d = 0$이면, $T$는 평행이동

$$w = T(z) = z + k \qquad \left(k = \frac{b}{a}\right)$$

이고, 따라서 무한점은 $T$의 유일한 고정점이다. $c = 0,\ a - d \neq 0$이면, $T$는

$$w = T(z) = \left(\frac{a}{d}\right) z + \left(\frac{b}{d}\right)$$

의 형태이고, $T$는 두 고정점 $\dfrac{b}{d - a}$와 무한점을 갖는다. 이 경우,

$$S(z) = z - \frac{b}{d - a}$$

로 놓으면,

$$\begin{aligned} S(T(z)) = S(w) &= w - \frac{b}{d-a} = \left(\frac{a}{d}z + \frac{b}{d}\right) - \frac{b}{d-a} \\ &= \frac{a}{d}\left(z - \frac{b}{d-a}\right) = \frac{a}{d}S(z), \end{aligned}$$

즉, $U(z) = \dfrac{a}{d}z$라 할 때,

$$T = S^{-1}US$$

를 얻는다.

(b) $c \neq 0, D \neq 0$(단, $D = (d-a)^2 + 4bc$는 판별식)이면, $T$는 두 개의 서로 다른 고정점

$$\alpha = \frac{a-d+\sqrt{D}}{2c}, \qquad \beta = \frac{a-d-\sqrt{D}}{2c}$$

를 갖는다. 이 경우,

$$S(z) = \frac{z-\alpha}{z-\beta}$$

로 놓으면,

$$\frac{w-\alpha}{w-\beta} = k\frac{z-\alpha}{z-\beta},$$

즉,

$$U(z) = kz \qquad \left(k = \frac{a-\alpha c}{a-\beta c}\right)$$

가 확대변환일 때,

$$S(T(z)) = S(w) = k(S(z)), \qquad \text{즉,} \quad T = S^{-1}US$$

를 얻는다. $c \neq 0, D = 0$이면, $T$는 유일한 고정점

$$\alpha = \beta = \frac{a-d}{2c}$$

를 갖는다. $T$가 $z = \alpha$를 $w = \alpha$로 사상하므로, 알맞은 상수 $h$와 $k$에 대해,

$$\frac{1}{w-\alpha} = \frac{h}{z-\alpha} + k$$

라 쓸 수 있다. $z = \infty, w = \dfrac{a}{c}$와 $z = 0, w = \dfrac{b}{d}$를 대입하면,

$$k = \frac{2c}{a+d}, \qquad h = 1$$

을 얻는다. 따라서,

$$S(z) = \frac{1}{z - \alpha}$$

로 놓으면,

$$S(T(z)) = S(w) = \frac{1}{w-\alpha} = \frac{1}{z-\alpha} + \frac{2c}{a+d} = V(S(z)),$$

즉, $V(z) = z + k$가 평행이동일 때,

$$T = S^{-1}VS$$

를 얻는다.

두 뫼비우스 변환 $T_1$과 $T_2$는, $T_2 = S^{-1}T_1S$ 또는 $T_2 = ST_1S^{-1}$을 만족하는 세 번째 뫼비우스 변환 $S$가 존재하면, **닮았**다고 한다.

지금까지 다음 정리를 증명했다.

**[정리 1.11]**

$$w = T(z) = \frac{az+b}{cz+d}$$

를 뫼비우스 변환이라 하고, $D = (a-d)^2 + 4bc$라 하자.

(a) $c = 0$인 경우. $D = 0$이면, 무한점은 $T$의 유일한 고정점이고, $T$는 표준형

$$w = z + k \qquad \left(k = \frac{b}{d}\right)$$

로 쓸 수 있다. $D \neq 0$이면, $T$는 두 개의 서로 다른 고정점 $\gamma = \dfrac{b}{d-a}$와 무한점을 갖고, $T$는 표준형

$$w - \gamma = k(z - \gamma) \qquad \left(k = \frac{a}{d}\right)$$

로 쓸 수 있다.

(b) $c \neq 0$인 경우. $D \neq 0$이면, $T$는 두 개의 서로 다른 고정점

$$\alpha = \frac{a-d+\sqrt{D}}{2c}, \qquad \beta = \frac{a-d-\sqrt{D}}{2c}$$

를 갖고, $T$는 표준형

$$\frac{w-\alpha}{w-\beta} = k\frac{z-\alpha}{z-\beta} \qquad \left(k = \frac{a-\alpha c}{a-\beta c} = \frac{a+d-\sqrt{D}}{a+d+\sqrt{D}}\right)$$

로 쓸 수 있다. $D = 0$이면, $T$는 유일한 고정점 $\alpha = \dfrac{a-d}{2c}$를 갖고, $T$는 표준형

$$\frac{1}{w-\alpha} = \frac{1}{z-\alpha} + k \qquad \left(k = \frac{2c}{a+d}\right)$$

로 쓸 수 있다.

다시 말하면,

(a) 뫼비우스 변환 $T$가 두 고정점을 가질 필요충분조건은 $D \neq 0$인 것이고, 이 경우, $T$는 확대변환과 닮았다. 반면,

(b) $T$가 유일한 고정점을 가질 필요충분조건은 $D = 0$인 것이고, 이 경우, $T$는 평행이동과 닮았다.

**참고** $U_1(z) = k_1 z, U_2(z) = k_2 z$가 두 확대변환이라면, $U_1$과 $U_2$가 닮을 필요충분조건은 **승수** $k_1$과 $k_2$가 같거나 또는 서로의 상반, 즉 $k_1 = k_2$ 또는 $k_1 = \dfrac{1}{k_2}$인 것이다. 그러나, 평행이동 $w = z + k$가

$$\left(\frac{w}{k}\right) = \left(\frac{z}{k}\right) + 1$$

로 쓰여질 수 있으므로, 모든 평행이동은 (확대변환에 의해) 평행이동 $w = z + 1$과 닮았다. 다시 말하면, 임의의 두 평행이동은 서로 닮았다. 이제

$$w = T(z) = \frac{az+b}{cz+d}$$

를 $D = (d-a)^2 + 4bc \neq 0$인 뫼비우스 변환이라 가정하자. 그러면 다음 성질을 만족하는 뫼비우스 변환 $S$가 존재한다. $W = S(w), Z = S(z)$이고 $U(Z) = kZ$가 확대변환일 때,

$$S(w) = ST(z) = U(S(z)), \qquad \text{즉}, \qquad W = U(Z) = kZ.$$

$k \neq 0, 1$인 실수이면, 뫼비우스 변환 $T$는 **쌍곡형**, $|k| = 1$(그러나 $k \neq 1, -1$)이면, $T$는 **타원형**이라 부른다. $|k| \neq 1$이고 $k$가 실수가 아니면, $T$는 **항해선형**이라 부른다. 여기서 $k$를 **특성상수**라 부른다.

$T$가 쌍곡형이면, $U$는 $Z$-평면의 원점을 지나는 각각의 직선을 자신 위로 사상하고, 원점이 중심인 원을 다른 그러한 원으로 사상한다. 원래의 $z$-평면과 $w$-평면의 원에 관해, 이것은 $T$의 두 고정점을 지나는 원들의 (타원)속 $\mathcal{P}$의 각각의 원은 자신위로 사상되지만, $T$의 두 고정점을 그것의 극한점으로 갖는 원들의 공액 (쌍곡)속 $\mathcal{Q}$의 모든 원은 원들의 같은 속의 다른 원으로 사상된다는 것을 의미한다. 특히, $\alpha$와 $\beta$가 $T$의 고정점이고, $h$가 상수라면, 아폴로니우스 원

$$\left|\frac{z-\alpha}{z-\beta}\right| = h$$

는 다른 아폴로니우스 원

$$\left|\frac{w-\alpha}{w-\beta}\right| = hk$$

로 사상된다.

$T$가 타원형이면, $U$는 $Z$-평면의 ($\arg k$만큼의) 회전변환이다. 따라서 앞의 문장에서 속 $\mathcal{P}$와 $\mathcal{Q}$의 역할을 바꾸기만 하면 된다.

$D = 0$이면, 뫼비우스 변환 $T$는 **포물형**이라 하고, 이 경우 $T$는 유일한 고정점을 갖고, 평행이동

$$W = V(Z) = Z + k$$

와 닮았다. 이제, $V$는 $Z$-평면의 벡터 $k$에 평행인 모든 직선을 자신 위로 사상하고, 벡터 $k$에 직교하는 모든 직선을 $k$에 직교하는 다른 직선으로 사상한다. 원래의 $z$-평면의 원에 관해, 이것은 $\mathcal{P}$의 모든 원은 $T$에 의해 자신 위로 사상

되고, 그것의 공액 (포물형) 속 $\mathcal{Q}$($\mathcal{P}$의 원들의 공통 접점에서 $\mathcal{P}$에 직교하는 원들의 속)의 모든 원은 $\mathcal{Q}$의 다른 원으로 사상되는 성질을 가진 $T$의 유일한 고정점에서 서로 접하는 원들의 (포물형) 속 $\mathcal{P}$가 존재함을 의미한다.

앞의 논의에서 $D = (a-d)^2 + 4bc$가 뫼비우스 변환의 분류에 중요한 역할을 하고 있다. 그렇다면 이와 관련된 뫼비우스 변환의 닮음 불변량에 대해 살펴보는 것도 좋을 듯하다. 위에서 정의했듯이 두 뫼비우스 변환 $\mathfrak{H}^*$와 $\mathfrak{H}$가 닮기 위해서는 세 번째 뫼비우스 변환 $\mathfrak{T}$가 존재하여 $\mathfrak{H}^*(z) = (\mathfrak{T} \circ \mathfrak{H} \circ \mathfrak{T}^{-1})(z)$가 성립하는 것이다. 이를 행렬로 나타내면, 0이 아닌 임의의 상수 $q$에 대해

$$\mathfrak{H}^* = q\mathfrak{T}\mathfrak{H}\mathfrak{T}^{-1} \qquad (q \neq 0) \tag{1.3}$$

이다. $\mathfrak{H} = \mathfrak{E}$ (단위행렬)이라면, 모든 $\mathfrak{T}$에 대해 $\mathfrak{H}^* = q\mathfrak{E}$이다. 따라서 항등원은 항등변환과 닮았다.

행렬 $\mathfrak{T}\mathfrak{H}\mathfrak{T}^{-1}$은 행렬 $\mathfrak{H}$에 닮았다고 말한다. 행렬대수의 원소로부터 (2행 행렬의 현재 경우에서 쉽게 확인된다) 이 닮음행렬은 같은 행렬식과 같은 자취(trace)를 갖는다. 따라서

$$\delta = |\mathfrak{H}| = ad - bc, \qquad \mathrm{tr}\,\mathfrak{H} = a + d = \tau$$

는 닮음불변량, 즉

$$\left|\mathfrak{T}\mathfrak{H}\mathfrak{T}^{-1}\right| = |\mathfrak{H}|, \qquad \mathrm{tr}\left(\mathfrak{T}\mathfrak{H}\mathfrak{T}^{-1}\right) = \mathrm{tr}\,\mathfrak{H}$$

이다. 닮음행렬을 가진 두 개의 뫼비우스 변환은 닮았다[식 (1.3)에서 $q = 1$]. 그러나 두 개의 닮음 뫼비우스 변환의 행렬은

$$|\mathfrak{H}^*| = q^2|\mathfrak{H}|, \qquad \mathrm{tr}\,\mathfrak{H}^* = q\,\mathrm{tr}\,\mathfrak{H}$$

에 의해 관련된 닮음불변량을 가진다. 따라서 상 $\dfrac{(\mathrm{tr}\,\mathfrak{H})^2}{|\mathfrak{H}|}$은 행렬 $\mathfrak{H} = \begin{pmatrix} a & b \\ c & d \end{pmatrix}$를 가진 뫼비우스 변환의 닮음불변량일 것이다. 항등변환 ($\mathfrak{H} = q\mathfrak{E}$)에 대해 이

상은 값 4를 갖는다. 뫼비우스 변환의 기본 닮음불변량에 따라 크기를 도입할 수 있다.

$$\sigma = \sigma(\mathfrak{H}) = \frac{(\mathrm{tr}\,\mathfrak{H})^2}{|\mathfrak{H}|} - 4 = \frac{\tau^2}{\delta} - 4 = \frac{(a-d)^2 + 4bc}{ad - bc} \tag{1.4}$$

이고, 따라서 변환 $\mathfrak{H}, \mathfrak{H}^*$가 닮았다면,

$$\sigma(\mathfrak{H}^*) = \sigma(\mathfrak{H})$$

이다. ($\mathfrak{T} = \mathfrak{E}$로 하면) 모든 변환 $\mathfrak{H}$는 그 자신과 닮았다. 따라서 $D$는 닮음 불변량 (1.4)에서 분자와 같게 된다. 이를 이용하면 위의 정리 1.11과 참고에서 분류한 뫼비우스 변환을 $k$와 $\sigma$를 이용해 비교 분류할 수 있게 된다.

타원형 : $|k| = 1\,(k \neq 1, -1)$, 즉 $-4 < \sigma < 0$

쌍곡형 : $k \neq 0, 1$인 실수, 즉 $\sigma > 0$ 또는 $\sigma \leq -4$

(고유 쌍곡형 : $k > 0\,(k \neq 1)$, 즉 $\sigma > 0$일 때,

비고유 쌍곡형 : $k < 0$, 즉 $\sigma \leq -4$일 때)

항해선형 : $|k| \neq 1$ 이고 $k$가 실수가 아닐 때, 즉 $\sigma$가 실수가 아닐 때.

## 생각하는 문제

**1.** $z_1, z_2$를 리만 구면으로의 입체사영 상이 지름의 반대 끝에 있는 복소평면의 두 점이라 하자. $z_1 z_2 = -1$임을 보여라.

**2.** 임의의 네 개의 서로 다른 공순환점은 적당히 알맞은 $k(0 < k < 1)$에 대해 뫼비우스 변환에 의해 $\pm 1$과 $\pm k$로 사상될 수 있음을 증명하라.

**3.** 다음 여섯 개의 뫼비우스 변환은 합성하면 군을 이룸을 보여라.

$$z, \quad \frac{1}{z}, \quad 1-z, \quad \frac{1}{1-z}, \quad \frac{z}{z-1}, \quad \frac{z-1}{z}.$$

**4.** 네 점 $z_0, z_1, z_2, z_3$의 24개의 치환에 대응하는 복비는 다음 여섯 개의 값만 가질 수 있음을 증명하라.

$$\lambda = (z_0, z_1; z_2, z_3), \quad \frac{1}{\lambda}, \quad 1-\lambda, \quad \frac{1}{1-\lambda}, \quad \frac{\lambda}{\lambda-1}, \quad \frac{\lambda-1}{\lambda}.$$

**5.** 원점과 1이 중심이고, 반지름이 모두 1인 원은 직선 $\Im z = 0$과 함께 복소평면 $\mathbb{C}$를 여섯 개의 영역으로 나눈다. 이 여섯 개의 영역의 각각은, $\lambda$가 경계 중의 어느 것에도 있지 않으면, 다음 여섯 개의 값 중 정확히 하나만 포함함을 증명하라.

$$\lambda, \quad \frac{1}{\lambda}, \quad 1-\lambda, \quad \frac{1}{1-\lambda}, \quad \frac{\lambda}{\lambda-1}, \quad \frac{\lambda-1}{\lambda}.$$

**6.** 함수 방정식

$$\begin{aligned} f(z) = f\left(\frac{1}{z}\right) &= f(1-z) = f\left(\frac{1}{1-z}\right) \\ &= f\left(\frac{z}{z-1}\right) = f\left(\frac{z-1}{z}\right) \qquad (z \neq 0, 1) \end{aligned}$$

을 만족하는 상수가 아닌 함수 $f(z)$를 찾아라. 그러한 함수가 얼마나 많이 존재하는가?

**7.** 함수 방정식

$$f\left(\frac{1}{1-z}\right) + f\left(\frac{z-1}{z}\right) = \frac{z}{z-1} \qquad (\text{모든 } z \neq 0, 1\text{에 대해})$$

를 만족하는 함수 $f(z)$를 찾아라. 그러한 함수는 유일한가?

**8.** 점 $z_0$이 $T(z_0) = z_0$을 만족하면 변환 $T$의 **고정점**이라 부른다.

(a) $0, 1, \infty$를 고정점으로 갖는 뫼비우스 변환은 항등변환이어야 함을 증명하라.

(b) 세 개의 서로 다른 고정점을 갖는 뫼비우스 변환은 항등변환임을 증명하라.

(c) 뫼비우스 변환 $S$와 $T$가 서로 다른 세 점 $z_i\,(i = 1, 2, 3)$에 대해 $S(z_i) = T(z_i)$를 만족하면, $S = T$임을 증명하라.

**9.** $-1, 0, 1$을 $-i, 1, i$로 사상하는 뫼비우스 변환을 구하라.

**10.** 평행이동, 확대변환과 상반에 대해 복비의 불변성을 계산을 통해 검사하라.

**11.** 뫼비우스 변환이 복비를 보존하는 성질을 이용해 뫼비우스 변환은 원을 원으로 사상함을 보여라.

**12.** 교차하는 한 쌍의 원이 주어질 때, 이 두 원의 중심을 지나는 직선은 원들과 네 점에서 만난다. 이 네 점들의 복비의 하나는, $\theta$가 원들의 교각일 때, $\sin^2\frac{\theta}{2}$임을 증명하라.

**13.** (a) 원 $C$의 바깥에 점 $P$가 주어질 때, 직선자와 컴파스를 이용해, 원 $C$에 관해 점 $P$와 대칭인 점 $Q$를 구하라.

(b) 점 $P$가 원 $C$의 내부에 있다면 어떤가?

(c) 점 $P$와 두 원 $C_1$과 $C_2$가 주어질 때, 점 $P$를 지나고 $C_1$과 $C_2$ 모두에 직교하는 원 $C$를 구성하라.

(d) 한 쌍의 교차하지 않는 원이 주어질 때, 두 원에 대칭인 한 쌍의 점을 구하라.

**14.** (a) $z_0$과 $z_0^*$가 원 $|z - a| = r$에 관해 대칭일 필요충분조건은

$$(\bar{z}_0 - \bar{a})(z_0^* - a) = r^2$$

인 것임을 증명하라.

(b) $z_0$과 $z_0^*$가 $\Delta z_1 z_2 z_3$의 외접원에 관해 대칭일 필요충분조건은

$$(z_0^*, z_1; z_2, z_3) = \overline{(z_0, z_1; z_2, z_3)}$$

인 것임을 증명하라.

(c) (b)를 이용해 대칭원리(정리 1.9)를 증명하라.

**15.** (a) $z_0$과 $z_0^*$가 원 $C_1$에 관해 대칭이고, $z_1, z_2$가 원 $C$의 임의의 두 점이라면, 복비 $(z_0, z_0^*; z_1, z_2)$의 절대값은 1임을 보여라.

(b) 세 점 $z_1, z_2, z_3$이 주어질 때,

$$|(z_0, z_1; z_2, z_3)| = 1$$

을 만족하는 모든 점 $z_0$의 집합을 기술하라.

**16.** (a) 실축을 자신으로 사상하는 임의의 뫼비우스 변환은 실계수에 의해 표현될 수 있음을 증명하라.

(b) $z$-평면의 실축을 $w$-평면의 단위원으로 사상하는 임의의 뫼비우스 변환은

$$w = \frac{\alpha z - \beta}{\bar{\alpha} z - \bar{\beta}} \qquad \left(\frac{\beta}{\alpha} \notin \mathbb{R}\right)$$

로 표현될 수 있음을 증명하라.

(c) 단위원을 자신 위로 사상하는 뫼비우스 변환은

$$w = \frac{\alpha z - \beta}{\bar{\beta} z - \bar{\alpha}} \qquad (|\alpha| \neq |\beta|)$$

로 쓸 수 있음을 보여라.

**17.** (a) 원 $|z| = 1$과 $\left|z - \frac{1}{3}\right| = \frac{1}{2}$을 한 쌍의 동심원으로 사상하는 뫼비우스 변환을 구하라. 동심원의 반지름의 비는 얼마인가?

(b) 같은 작업을 $|z| = 1$과 $|z + 2| = 4$에 대해 행하라.

**18.** 실축과 원 $|z - 5i| = 4$를 원점을 중심으로 갖는 두 동심원으로 사상하는 뫼비우스 변환을 찾아라. 반지름의 비는 얼마인가?

**19.** 뫼비우스 변환 한 쌍의 동심원을 다른 쌍의 동심원으로 사상한다고 가정하자. 반지름의 비가 보존됨을 증명하라.

**20.** (a) 한 쌍의 원 $|z-1|=1$과 $|z-2|=2$를 한 쌍의 원 $|w-1|=1$과 $|w+1|=1$로 사상하는 뫼비우스 변환을 구하라.

(b) 한 쌍의 원 $|z|=1$과 $|z-\sqrt{3}|=2$를 한 쌍의 원 $|w-1|=2$와 $|w+1|=2$로 사상하는 뫼비우스 변환을 구하라.

(c) 한 쌍의 원 $|z|=1$과 $|z-5|=3$을 한 쌍의 동심원으로 사상하는 뫼비우스 변환을 찾아라.

**21.** 다음 뫼비우스 변환의 고정점을 구하라.

(a) $w=\dfrac{z}{z-1}$ (b) $w=\dfrac{z-4}{z-3}$ (c) $w=\dfrac{z}{2-z}$ (d) $w=\dfrac{5z-4}{2z-1}$

각각의 표준형을 구함으로써 이 변환 중 어느 것이 타원형, 쌍곡형, 포물형, 항해선형인지 구별하라.

**22.** (a) $T^2$이 항등사상인 모든 뫼비우스 변환을 구하라. (이런 변환 $T$를 대합이라 한다.)

(b) $T^n$이 항등사상일 필요충분조건은 $T(z)=w$가 표준형

$$\frac{w-\alpha}{w-\beta}=k\frac{z-\alpha}{z-\beta} \quad (k^n=1)$$

를 갖는 것이다.

(c) 쌍곡형 또는 항해선형 변환에 대해 극한 $\lim_{n\to\infty} T^n z$는 한 가지 예외를 제외하고는 $z$의 값에 관계없이 항상 같은 값을 갖는다. 극한을 구하고 예외 점 $z$를 구하라.

**23.** 단위원반을 자신 위로 사상하고, 단위원반의 주어진 두 점을 서로 바꾸는 뫼비우스 변환이 존재하는가? 그렇다면, 그러한 뫼비우스 변환은 얼마나 많이 있는가?

**24.** 단위원반을 자신 위로 사상하는 모든 뫼비우스 변환의 집합은 군을 이룸을 보여라.

**25.** 유클리드 변환 $T(z) = e^{i\theta}z + \alpha$의 표준형을 구하고, 언제 타원형, 쌍곡형, 포물형, 항해선형이 되는가를 설명하라.

**26.** 어떤 종류의 변환(타원형, 포물형, 쌍곡형 또는 항해선형)이 반전사상인가? 그것의 표준형은 무엇인가?

**27.** 다음 설명을 만족하는 뫼비우스 변환을 $\dfrac{az+b}{cz+d}$의 형태로 표현하라.

(a) 고정점이 $i$와 $-i$이고 $T(\infty) = 0$인 타원형 변환.

(b) 고정점이 $1+i$이고 $T(\infty) = 100$인 포물형 변환.

(c) 고정점이 5와 10이고 $T(\infty) = 20$인 쌍곡형 변환.

**28.** $R, S$와 $T$가 $T = S^{-1}RS$를 만족하는 변환이라 하자. $z$가 $T$의 고정점일 필요충분조건은 $S(z)$가 $R$의 고정점인 것임을 증명하라.

## 1.8 뫼비우스 변환의 부분군

이 확장된 주제를 광범위하게 다루지는 않겠다. 비유클리드기하학의 설명을 위해 기본적으로 중요한 두 부분군의 기하학적 특성에 대해 관심을 집중하겠다.

**1.8.1 단위원의 군** $\mathcal{U}$. 이 군은 단위원(의 원주)을 그 자신으로 사상하는 모든 뫼비우스 변환

$$w = \mathfrak{H}(z) = \frac{az+b}{cz+d}$$

로 구성되어 있다. 이것은 모든 실 뫼비우스 변환의 군과 닮았다. $\mathfrak{T}$가 실축을 단위원 $|z| = 1$ 위로 사상하는 뫼비우스 변환이라면, $\mathfrak{T}^{-1}\mathfrak{H}\mathfrak{T}$는 실 뫼비우스 변환을 나타낸다. 따라서 두 군은 동형적이다.

변환 $\mathfrak{H}$는 서로 역인 점 $z, \dfrac{1}{\bar{z}}$의 모든 쌍을 서로 역인 점 $w, \dfrac{1}{\bar{w}}$의 쌍으로 사상한다. 그러므로

$$\frac{1}{\bar{w}} = \frac{b\bar{z}+a}{d\bar{z}+c} \qquad \text{또는} \qquad w = \frac{\bar{d}z+\bar{c}}{\bar{b}z+\bar{a}}$$

를 얻는데 이는 행렬 조건

$$\begin{pmatrix} a & b \\ c & d \end{pmatrix} = q \begin{pmatrix} \bar{d} & \bar{c} \\ \bar{b} & \bar{a} \end{pmatrix} \qquad (q \neq 0)$$

를 유도한다.

$a \neq 0$이라 가정하면, $a = q\bar{d} = q\bar{q}a$이므로, $q\bar{q} = 1$을 얻는다.

$$q = e^{2i\phi}$$

라 하자. 그러면 $d = e^{2i\phi}\bar{a}$, $c = e^{2i\phi}\bar{b}$이다. $e^{-i\phi}a$와 $e^{-i\phi}b$를 각각 $a$와 $b$로 형식적으로 대체하면, 행렬 $\mathfrak{H}$를

$$\mathfrak{H} = \begin{pmatrix} a & b \\ \bar{b} & \bar{a} \end{pmatrix}, \qquad w = \frac{az+b}{\bar{b}z+\bar{a}} \tag{1.5}$$

의 형태로 얻는데 이것은 실수 인자의 비례성을 고려하면 유일하다. 그러면 이것의 행렬식과 자취(trace)

$$\delta = |\mathfrak{H}| = a\bar{a} - b\bar{b}, \qquad \tau = a + \bar{a}$$

는 실수이다. $a = 0$이면 $bc \neq 0$이고 $b = q\bar{c} = q\bar{q}b$이다. 따라서 $|q| = 1$이고 식 (1.5)는 다시 성립한다.

단위원의 내부를 단위원의 내부(따라서 외부를 외부)로 사상하는 변환 $\mathfrak{H}$는 단위원의 군 안에서 지수 2의 부분군이다. 이것들의 각각에 대해 $\mathfrak{H}(0) = \dfrac{b}{\bar{a}}$가 단위원의 내점이 되는 것이 필요충분조건이다. 이것은 $|b| < |a|$ 또는

$$\delta > 0$$

과 동치이다. 이 부분군을 $\mathcal{U}_+$라 쓰고 이것을 단위원의 **고유군**이라 부르겠다.

단위원을 단위원 위로 사상하는 비고유 사상들은 조건 $\delta < 0$에 의해 특성화된다. 이것들은 원의 외부와 내부를 교환한다.

군 $\mathcal{U}_+$가 타원형, 포물형과 고유 쌍곡형 뫼비우스 변환들로 구성되어 있다는 것은 분명하다. 그러나 단위원의 모든 비고유 사상은 반드시 비고유 쌍곡형이어야만 한다.

$a = 0$이면, 변환 (1.5)은 쌍곡형 대합일 것이다. $a \neq 0$이면,

$$\mathfrak{H}^{-1}(0) = -\frac{b}{a} = z_1, \qquad \arg\ a = \alpha$$

라 놓으면,

$$w = \mathfrak{H}_{z_1}(z) = \frac{z - z_1}{-\bar{z}_1 z + 1}, \qquad \mathfrak{H}_{z_1} = \begin{pmatrix} 1 & -z_1 \\ -\bar{z}_1 & 1 \end{pmatrix} \tag{1.6}$$

일 때,

$$w = \mathfrak{H}(z) = \frac{a}{\bar{a}} \frac{z - z_1}{-\bar{z}_1 z + 1} = e^{2i\alpha}\mathfrak{H}_{z_1}(z) \tag{1.7}$$

는 $z_1$을 0으로 보내는 단위원의 자기자신 위로의 변환이다.

$$\sigma(\mathfrak{H}_{z_1}) = \frac{\tau^2}{\delta} - 4 = \frac{4}{1 - z_1\bar{z}_1} - 4$$

이므로, 변환 $\mathfrak{H}_{z_1}$은 $z_1 = 0$ 또는 $|z_1| = 1$이 아닌 모든 $z_1$에 대해 쌍곡형이다. 이때 $|z_1| < 1$이면 **고유 쌍곡형**, $|z_1| > 1$이면 **비고유 쌍곡형**이다. 이것의 고정점들은 2차 방정식 $\bar{z}_1 z^2 = z_1$의 해이다. 따라서,

$$z_1 = r_1 e^{i\theta_1}$$

이면, 해는 단위원의 두 개의 대각적으로 반대인 점 $\pm e^{i\theta_1}$이다. $\mathfrak{H}_{z_1}$의 특성상수는

$$k = \frac{1 + \bar{z}_1 e^{i\theta_1}}{1 - \bar{z}_1 e^{i\theta_1}} = \frac{1 + r_1}{1 - r_1}$$

에 의해 주어지고, 따라서

$$r_1 = \frac{k-1}{k+1}, \qquad z_1 = \frac{k-1}{k+1} e^{i\theta_1}$$

이다.

이제 $\mathfrak{H}_{z_1}$을 ($\mathcal{U}_+$ 안의) 고유 쌍곡형이라 하자. 그러면 $0 < r_1 < 1\,(k > 1)$이 성립한다. 실지수 $s$에 대해 $\mathfrak{H}_{z_1}$의 연속 반복 $\mathfrak{H}_{z_1}^s$를 $k$가 $\mathfrak{H}_{z_1}$ 안에 나타날 때마다 $k^s$로 대체함으로 구성한다.

$$z_s = \frac{k^s - 1}{k^s + 1} e^{i\theta_1}$$

을 생각하자. $-\infty < s < \infty$에 대해 점 $z_s$는 양 끝점이 $\mathfrak{H}$의 고정점들 $-e^{i\theta_1}$ $(s = -\infty)$과 $e^{i\theta_1}(s = \infty)$인 전체 열린 구간(단위원의 지름)을 움직인다. 그러면

$$\mathfrak{H}_{z_1}^s(z) = \mathfrak{H}_{z_s}(z), \qquad \mathfrak{H}_{z_s} = \begin{pmatrix} rr1 & -z_s \\ -\bar{z}_s & 1 \end{pmatrix} \tag{1.8}$$

이 된다.

변환 $\mathfrak{H}_{z_1}^s$를 0에 관한 회전변환에 예속시킴으로 닮음 변환

$$w = e^{it}\mathfrak{H}_{z_1}^s(e^{-it}z) = \frac{z - e^{it}z_s}{-e^{-it}\bar{z}_s z + 1} \tag{1.9}$$

를 얻는데, 이는 다시 **쌍곡변환** —즉, 점 $e^{it}z_s$를 0으로 변환하는 것— 이다. 적당한 회전변환으로 사상 (1.9)를 추적함으로써 단위원의 임의의 주어진 고유변환의 표현을 얻을 수 있다. 따라서 다음 정리를 얻는다.

**[정리 1.12]** 단위원의 고유군의 모든 원소는, $\mathfrak{R}_1 = \begin{pmatrix} e^i & 0 \\ 0 & 1 \end{pmatrix}$이고 $\mathfrak{H}_{\frac{1}{2}} = \begin{pmatrix} 1 & -\frac{1}{2} \\ -\frac{1}{2} & 1 \end{pmatrix}$ 일 때, 즉 $z = \dfrac{1}{2}$을 0으로 보내고 $-1$과 $+1$을 고정점으로 갖는 쌍곡변환의 행렬일 때,

$$\mathfrak{H} = \mathfrak{R}_1^{t_1}\mathfrak{H}_{\frac{1}{2}}^s\mathfrak{H}_1^{t_2} \qquad (s, t_1, t_2 \ : \ \text{실수})$$

의 형태로 쓸 수 있다.

마지막으로 (1.7)의 단순 결과를 인지한다. 고정점($z_1 = 0$ 또는 $b = 0$)으로 중심 0을 갖는 단위원의 모든 변환 $\mathfrak{H}$는 반드시 0에 관한 순수 회전변환이다.

**1.8.2 회전형 뫼비우스 변환들의 군** $\mathcal{R}$. 고정점으로 중심 **O**를 갖는 단위구의 모든 사영 변환은 3행 직교 행렬 $S_3$의 군과 동형인 군을 형성함을 알고 있다. 양의 행렬식을 갖는 변환은 **O**에 관한 구의 회전변환을 표현한다. 이것은 **O**를 지나는 직선을 **O**를 지나는 직선으로 보내고, 따라서 구 위의 대각 반대점의 쌍

을 대각 반대점의 쌍 위로 보낸다. 입체사영적으로 원점 대칭점 $z, -\frac{1}{\bar{z}}$을 평면의 원점 대칭점 $w, -\frac{1}{\bar{w}}$ 위로 사상하는 뫼비우스 변환

$$w = \mathfrak{H}(z) = \frac{az+b}{cz+d}$$

에 대응한다. 따라서

$$-\frac{1}{\bar{w}} = \mathfrak{H}\left(-\frac{1}{\bar{z}}\right) = \frac{b\bar{z}-a}{d\bar{z}-c}$$

또는

$$w = \frac{\bar{d}z - \bar{c}}{-\bar{b}z + \bar{a}},$$

따라서

$$\begin{pmatrix} a & b \\ c & d \end{pmatrix} = q \begin{pmatrix} \bar{b} & -\bar{c} \\ -\bar{b} & \bar{a} \end{pmatrix}$$

이다. 1.8.1절에서처럼, $q\bar{q} = 1$, $q = e^{2i\phi}$임이 보여지고, 따라서

$$e^{-i\phi} \begin{pmatrix} a & b \\ c & d \end{pmatrix} = e^{i\phi} \begin{pmatrix} \bar{d} & -\bar{c} \\ -\bar{b} & \bar{a} \end{pmatrix}$$

이다. 그러므로 $e^{-i\phi}a$를 $a$로, 나머지를 같은 방법으로 교체하면

$$\begin{pmatrix} a & b \\ c & d \end{pmatrix} = \begin{pmatrix} \bar{d} & -\bar{c} \\ -\bar{b} & \bar{a} \end{pmatrix}$$

또는

$$\mathfrak{H} = \begin{pmatrix} a & b \\ -\bar{b} & \bar{a} \end{pmatrix} \quad \text{와} \quad w = \frac{az+b}{-\bar{b}z+\bar{a}} \tag{1.10}$$

는 회전형 뫼비우스 변환을 표현한다.

그러한 임의의 변환 $\mathfrak{H}$는 타원형이 된다. 이는

$$\delta = a\bar{a} + b\bar{b} > 0, \qquad \tau = a + \bar{a}$$

이고 따라서

$$\frac{\tau^2}{\delta} = \frac{(a+\bar{a})^2}{a\bar{a}+b\bar{b}} \leq 4\left(\frac{\Re a}{|a|}\right)^2 \leq 4$$

이므로

$$-4 \leq \sigma(\mathfrak{H}) \leq 0$$

이 되는데, 반면 $\sigma(\mathfrak{H}) = 0$은 $a$가 실수이고, $b = 0$이고, 따라서 $\mathfrak{H} = q\mathfrak{E}$임을 유도하기 때문이다. (여기서, $\mathfrak{E}$는 단위행렬을 나타낸다.)

고정점으로 $z = 0$을 갖는 그러한 회전형 뫼비우스 변환은 0에 관한 순수 회전변환임을 다시 한번 인지하자.

행렬 (1.10)은 임의의 실 인자를 고려하여 정의된다. 따라서 $\mathfrak{H}$는

$$\delta = |\mathfrak{H}| = |a|^2 + |b|^2 = 1 \tag{1.11}$$

을 만족하도록 더 표준화될 수 있다. 그러면 행렬 $\mathfrak{H}$는 유니타리, 즉

$$\overline{\mathfrak{H}^t}\mathfrak{H} = \mathfrak{E} \qquad \text{또는} \qquad \mathfrak{H}^{-1} = \overline{\mathfrak{H}^t} \tag{1.12}$$

이다. (여기서 $\mathfrak{H}^t$는 $\mathfrak{H}$의 행과 열을 바꾼 전치행렬이고, $\overline{\mathfrak{H}^t}$는 $\mathfrak{H}^t$에서 각 항의 복소공액을 취한 행렬이다.)

역으로 $\mathfrak{H} = \begin{pmatrix} a & b \\ c & d \end{pmatrix}$가 유니타리이고 $|\mathfrak{H}| = 1$이면,

$$\mathfrak{H}^{-1} = \begin{pmatrix} d & -b \\ -c & a \end{pmatrix} = \begin{pmatrix} \bar{a} & \bar{c} \\ \bar{b} & \bar{d} \end{pmatrix}$$

이고 $\mathfrak{H}$는 실제로 형태 (1.10)을 갖는다.

회전형 뫼비우스 변환의 군 $\mathcal{R}$은 허원 $z\bar{z} + 1 = 0$을 불변시키는 모든 그러한 뫼비우스 변환의 군으로 소개될 수 있고, 따라서 그것의 유사 결론을 실 단위원 $z\bar{z} - 1 = 0$을 불변시키는 변환들의 군 $\mathcal{U}_+$에 대해 보인다. 실제로 허 단위원을 불변시키는 모든 변환은 이 원에 관해 대칭인 점들의 쌍을 그러한 대칭쌍으로 사상한다. 그러한 점의 쌍은 원점 대칭이 된다. 이 변환은 회전형 뫼비우스 변환이다.

회전형 변환 $\mathfrak{H}$의 **닮음표준형** $\mathfrak{H}^* = \mathfrak{T}\mathfrak{H}\mathfrak{T}^{-1}$은 군 $\mathcal{R}$의 변환 $\mathfrak{H}$에 의해 얻을 수 있다. $\gamma$가 $\mathfrak{H}$의 고정점 중의 하나라면, 다른 하나는 원점 대칭점 $-\frac{1}{\bar{\gamma}}$이다. $\mathbf{P}$와 $-\mathbf{P}$를 대응하는 (대각적으로 반대인) 구면 점이라 하자. 구의 회전변환 $\mathfrak{T}$에 의해 $\mathbf{P}$를 $\mathbf{N}$[북극 $(0,0,1)$]으로 $-\mathbf{P}$를 $\mathbf{S}$[남극 $(0,0,-1)$]로 전환하는 것이 가능하다. 대응되는 뫼비우스 변환 $z^* = \mathfrak{T}(z)$는 회전형이고 $\gamma$를 0으로, $-\frac{1}{\bar{\gamma}}$을 $\infty$로 보낸다. 따라서

$$w^* = e^{i\psi} z^* = \mathfrak{H}^*(z^*), \qquad \mathfrak{H}^* = \begin{pmatrix} e^{i\frac{\psi}{2}} & 0 \\ 0 & e^{-i\frac{\psi}{2}} \end{pmatrix} \tag{1.13}$$

는 표준형이다. 행렬 $\mathfrak{H}^*$는 그것의 부호를 고려하면 유일하게 정의된다.

$a = 0$이면, 변환 $\mathfrak{H}$는 대합 $w = -\frac{b}{\bar{b}z} = -\frac{e^{2i\beta}}{z}$ ($\beta$는 $b$의 편각)이다. 그것의 고정점은 원점 대칭점 $\pm ie^{i\beta}$이다.

$a \neq 0$이면, 1.8.1절에서처럼, (1.10)의 회전형 변환 $\mathfrak{H}$에 의해 0으로 사상되는 점

$$z_1 = \mathfrak{H}^{-1}(0) = -\frac{b}{a} = r_1 e^{i\theta_1} \qquad (r_1 > 0)$$

을 도입한다. 그러면

$$w = \mathfrak{H}(z) = \frac{a}{\bar{a}} \frac{z - z_1}{\bar{z}_1 z + 1} = e^{2i\alpha} \frac{z - z_1}{\bar{z}_1 z + 1} = e^{2i\alpha} \mathfrak{H}_{z_1}(z) \tag{1.14}$$

가 된다. 변환

$$w = \mathfrak{H}_{z_1}(z), \qquad \mathfrak{H}_{z_1} = \begin{pmatrix} 1 & -z_1 \\ \bar{z}_1 & 1 \end{pmatrix}$$

은 고정점으로서 실 단위원의 두 원점 대칭점 $\pm ie^{i\theta_1}$을 갖는다. 그것의 특성상수

$$k = \frac{1 - \bar{z}_1 ie^{i\theta_1}}{1 + \bar{z}_1 ie^{i\theta_1}} = \frac{1 - ir_1}{1 + ir_2} = e^{-i\kappa}$$

는 $\theta_1$과 무관하고, $2\pi$의 덧셈 정수배를 고려해 정의된 실 상수 $\kappa$는 양수이고 $\leq \pi$가 되게 택할 수 있다. 그러면

$$r_1 = \tan \frac{\kappa}{2}$$

이다. 실수 $s$에 대한 연속 반복 $\mathfrak{H}_{z_1}^s$는, $s$가 $0 \le \kappa s < \pi$를 만족하는 구간을 움직일 때, $\mathfrak{H}_z$에서 상수 $k$를 $k^s$로, 즉 $\kappa$를 $s\kappa$로, 대체함으로 찾을 수 있다. 따라서

$$\mathfrak{H}_{z_1}^s(z) = \mathfrak{H}_{z_s}(z), \quad \mathfrak{H}\bar{z}_s = \begin{pmatrix} 1 & -z_s \\ \bar{z}_s & 1 \end{pmatrix}, \quad z_s = e^{i\theta_1} \tan\left(\frac{\kappa s}{2}\right) \tag{1.15}$$

를 얻는다. $z_1 = 1$이면, $\mathfrak{H}_1 = \begin{pmatrix} 1 & -1 \\ 1 & 1 \end{pmatrix}$, $\kappa = \frac{\pi}{2}$, $z_s = \tan\left(\frac{\pi s}{4}\right)$를 갖는다. 따라서 $z_s$가 가정할 수 있는 모든 값은 구간 $0 \le s < 2$에 있는 $s$에 대해서이다. 극한의 경우 $s = 2$는 대합$(a = 0)$에 대응한다.

정리 1.12의 증명에서 적용된 논의에 의해 다음을 얻는다.

**[정리 1.13]** 모든 회전형 뫼비우스 변환은, $\mathfrak{R}$이 0에 관한 회전변환이고, $\mathfrak{H}_1$은 $z = 1$을 0으로 사상하고 고정점으로 $\pm i$를 갖는 타원형 변환일 때,

$$\mathfrak{H} = \mathfrak{R}^{t_1} \mathfrak{H}_1^s \mathfrak{R}^{t_2} \qquad (0 \le s \le 2)$$

의 형태로 쓸 수 있다.

**1.8.3 원의 다발의 표준형.** 평면에서 모든 원의 속은, 알맞은 뫼비우스 변환에 의해 표준형

타원형의 경우 : 0을 지나는 모든 직선

포물형의 경우 : 실축에 평행한 모든 직선

쌍곡형의 경우 : 0을 중심으로 한 모든 원

으로 변환될 수 있다. 이제 원의 다발에 대해 대응하는 상황을 설정할 것이다.

(i) 타원형 다발이 주어지면, 그것의 구 위의 상은 점 $\mathbf{P}$에 의해서 결정되는데, 대응하는 구면원의 평면이 이 점을 지난다. 구의 알맞은 회전변환에 의해 이 점 $\mathbf{P}$를 동차 좌표가 $(0, 0, \rho, 1)$ $(0 \le \rho = \mathbf{OP} < 1)$인 $\zeta$-축의 점으로 보낸

다. 행렬

$$S = \begin{pmatrix} 1 & 0 & 0 & 0 \\ 0 & 1 & 0 & 0 \\ 0 & 0 & \tilde{\rho} & -\rho\tilde{\rho} \\ 0 & 0 & -\rho\tilde{\rho} & \tilde{\rho} \end{pmatrix}, \quad \tilde{\rho} = \frac{1}{\sqrt{1-\rho^2}}$$

에 의해 주어진 사영변환은 단위구를 자신 위로 점 $(0,0,\rho,1)$을 원점 $\mathbf{O} = (0,0,0,1)$ 위로 사상한다. 두 개의 사용된 변환에 대해 주어진 타원형 다발을 허 단위원에 직교하는 모든 원의 계인 그것의 표준형으로 사상하는 평면상의 뫼비우스 변환이 대응한다.

(ii) 구 위의 **포물형 다발**은 구의 표면 위의 점 $\mathbf{P}$를 통과하는 모든 평면에 의해 구 위에서 잘린 원으로 구성된다. 회전변환은 이 점을 구의 남극 $\mathbf{S}$로 보낼 것이다. 그러면 이 다발은 평면에서 그것의 입체사영이 표준형(즉, 평면에서의 모든 직선)의 원소인 $\mathbf{S}$를 지나는 모든 원으로 이루어진다.

(iii) 구 위의 **쌍곡형 다발**은 구 밖의 점 $\mathbf{P}$를 지나는 평면과 구와의 교선으로 이루어진다. 사영변환에 의해 구를 자기자신으로, $\mathbf{P}$를 $\zeta$-축의 무한점으로 사상할 수 있다. 그러면 다발은 평면이 $\zeta$-축에 평행인 구 위의 원으로 이루어진다. 따라서 모든 이러한 원은 적도에 수직이다. 사영변환은 주어진 쌍곡형 다발을 그것의 표준형, 즉 단위원에 수직인 모든 원의 다발로 변환하는 평면의 뫼비우스 변환에 대응한다.

**참고** 모든 원의 다발은 원 방정식의 계수 $A, B, C, D$ 사이의 선형 동차 조건에 의해 해석적으로 정의될 수 있다. 주어진 다발을 그것의 표준형으로 바꾸는 뫼비우스 변환을 안다면, 그것의 원 위치에 주어진 다발에 대한 대응하는 조건이 이 방정식으로부터 유도될 수 있다.

**1.8.4 다발군.** 원의 다발 안에서 반전사상의 곱인 모든 뫼비우스 변환이 속의 원을 상호교환하는 모든 뫼비우스 변환의 (순환)군을 형성한다는 것이 밝혀졌다. 이제 다발의 경우에서 대응하는 상황을 토론한다.

다발 $\mathfrak{P}$의 원에 관한 모든 반전사상은 다발 $\mathfrak{P}$ 안에서의 반전사상이라 부른다. 다발은 주어진 원 $\mathfrak{B}$에 수직인 모든 원으로 구성되어 있다. 그러므로 다발 안의 모든 반전사상은 $\mathfrak{B}$를 자신 위로, 다발의 모든 원을 다발의 몇 개의 원에 사상한다. 따라서 다발 안의 임의의 두 개의 반전사상의 곱은 다발을 자신 위로 사상하는 뫼비우스 변환일 것이다.

역은 어떤 제한이 없이는 성립하지 않는다.

**[정리 1.14]** 다발 $\mathfrak{P}$의 자신 위로의 모든 뫼비우스 변환 $\mathfrak{H}$가 다발 안의 두 반전사상의 곱이기 위한 필요충분조건은 $\mathfrak{P}$가 타원형 또는 쌍곡형인 것이다.

**증명** $\mathfrak{P}$가 타형원 또는 쌍곡형이면, 그것의 원 $\mathfrak{B}$는 허원 또는 실원이고, 점원이 아니다. 그러므로 $\mathfrak{P}$를 자신 위로 사상하는 모든 뫼비우스 변환의 군 $\mathcal{G}_{\mathfrak{P}}$는 항해선형 변환을 포함하지 않는다. $\mathfrak{H}$를 $\mathcal{G}_{\mathfrak{P}}$의 원소라 하자. $\mathfrak{H}$에 의해 상호교환되는 (불변원의 속에 수직인) 모든 원의 속은 $\mathfrak{P}$ 안에 포함되고, $\mathfrak{H}$는 이 속, 따라서 $\mathfrak{P}$ 안에서 두 개의 반전사상의 곱임을 안다.

$\mathfrak{P}$가 포물형이면 군 $\mathcal{G}_{\mathfrak{P}}$는 항해선형 변환을 포함한다는 것을 쉽게 보일 수 있다. 실제로 $\mathfrak{P}$가 포물형 다발, 즉 평면 안의 모든 직선의 계(점원 $\mathfrak{B}$가 무한점이 됨)의 표준형이라 가정할 수 있다. 그러면 군 $\mathcal{G}_{\mathfrak{P}}$는 $a$가 실수가 아니고, 모듈러스가 1이 아니라면 항해선형이 되는 모든 정수형 뫼비우스 변환 $w = az + b$의 군이다.

한편, 포물형 다발 안의 반전사상을 다시 고려하자. 그것은 직선에 관한 대칭이고 따라서 평면에서 모든 거리를 보존한다. 그러므로 그러한 반전사상의 곱인 뫼비우스 변환 또한 거리를 보존한다. 따라서 그것은 평면 유클리드운동 또는 변이이고

$$w = e^{i\alpha}z + b \qquad (\alpha : \text{실수}) \tag{1.16}$$

에 의해 표현될 수 있다. 그것들이 타원형 또는 포물형 정수형 뫼비우스 변환이라는 사실로부터 같은 것이 성립한다. 군 (1.16)을 $\mathcal{E}$로 놓겠다. $\mathcal{E}$의 원소는 세 개의 독립 실 매개변수 $\alpha, b_1, b_2$ $(b = b_1 + ib_2)$에 의존한다.

$\mathfrak{P}$가 타원형이면, 표준형은 구 위의 모든 대원의 입체사영상의 다발이다. 공간에서 대원을 대원으로 사상하는 모든 사영변환은 $\mathbf{O}$를 지나는 평면을 $\mathbf{O}$를 지

나는 평면으로, $\mathbf{O}$를 지나는 직선을 $\mathbf{O}$를 지나는 직선으로 사상한다. 따라서 구의 대각적으로 반대에 있는 점의 쌍은 대각적으로 반대인 점의 쌍으로 사상된다. 그러므로 변환은 $\mathbf{O}$에 관한 회전변환이다. 따라서 표준형에서 타원형 다발의 군은 모든 회전형 뫼비우스 변환의 군 $\mathcal{R}$이다. □

**참고** 정리 1.14로부터 $\mathbf{O}$에 관한 모든 평면 회전변환은 $\mathbf{O}$를 지나는 평면에 관한 두 개의 대칭변환의 곱으로 나타낼 수 있다는 잘 알려진 사실을 결론지을 수 있다.

$\mathfrak{P}$가 쌍곡형이면, 그 표준형은 실 단위원에 수직인 모든 원의 다발이다. 그것은 타원형, 포물형, 쌍곡형 속을 포함하고 따라서 또한 허원을 포함한다. 그것의 군은 단위원을 자신 위로 사상하는 모든 뫼비우스 변환의 군 $\mathcal{U}$이다. ($\mathcal{U}$의 원소 $\mathfrak{H}$가 반전사상의 곱으로 얻어질지 모르는) 반전사상의 기본원은 $\mathfrak{H}$가 비고유 쌍곡형일 때 —이 경우는 이 원 중의 하나는 반드시 허원이어야 한다— 를 제외하면 실원이 되게 선택될 수 있다.

**1.8.5 다발군의 추이성.** 완비 평면을 자신 위로 사상하는 변환 $w = \mathfrak{T}(z)$의 군 $\mathcal{G}$는, 영역 $\mathcal{D}$ 안의 점 $z_1, w_1$의 모든 쌍에 대해서 $w_1 = \mathfrak{T}(z_1)$을 만족하는 변환 $\mathfrak{T}$가 $\mathcal{G}$ 안에 적어도 하나 있다면, 평면의 영역 $\mathcal{D}$ 안에서 추이적이라 말한다. (또한 전평면이 될 수도 있는) 영역 $\mathcal{D}$를 군 $\mathcal{G}$의 추이성 영역이라 부른다.

군 $\mathcal{G}$는, $p$개의 점 중의 임의의 두 집합 $z_1, z_2, \cdots, z_p$와 $w_1, w_2, \cdots, w_p$에 대해

$$w_1 = \mathfrak{T}(z_1), w_2 = \mathfrak{T}(z_2), \cdots, w_p = \mathfrak{T}(z_p)$$

를 만족하는 $\mathfrak{T}$가 $\mathcal{G}$ 안에 적어도 하나 존재한다면, $\mathcal{D}$ 안에서 $p$-중 추이적이라 한다. 분명히 모든 $p$-중 추이적 군은 또한 같은 영역 $\mathcal{D}$에서 $(p-1)$-중 추이적이다. $p = 1$이면, 그 군은 단순히 추이적이다.

모든 뫼비우스 변환의 군 $\mathcal{M}$은 완비 평면에서 사중 추이적은 아니고 삼중 추이적이라는 것을 알고 있다. 실축은 모든 실 뫼비우스 변환의 군에 대해 삼중 추이성의 영역이다. 모든 정수형 뫼비우스 변환의 군은 (무한점이 빠진) 복소평

면 $\mathbb{C}$에서 삼중 추이적이 아닌 이중 추이적이다.

다음 사실은 1장의 토의 내용에 대해 기본적인 중요성을 가진다.

**[정리 1.15]** 원의 다발 안의 반전사상의 곱으로 얻은 모든 뫼비우스 변환의 모든 군 $\mathcal{G}$는 영역 $\mathcal{D}$ 안에서 이중 추이적이 아니고 단순 추이적이다. 타원형 다발의 군에 대해서, $\mathcal{D}$는 완비 평면이다. 포물형 다발의 군에 대해서 $\mathcal{D}$는 점 평면(즉, 한 점이 제거된 완비 평면)이다. 쌍곡형 다발의 비고유군에 대해서 $\mathcal{D}$는 원의 내부이다.

**증명** 세 군 $\mathcal{R}, \mathcal{E}, \mathcal{U}_+$에 대해 정리를 증명하면 충분하다.

(i) 타원형 다발의 경우에, 구가 그것의 중심에 관한 모든 회전변환의 군에 대해 단순 추이성의 영역임을 보이면 충분하다. 사실 구의 모든 점은 적당한 회전변환에 의해 구의 모든 다른 점으로 전위될 수 있다. 그러나 회전변환은 구 위의 두 점 사이의 거리를 보존한다. 따라서 주어진 점의 쌍은 다른 점의 모든 다른 쌍으로 바뀔 수 없다.

(ii) 비슷한 논의가 포물형의 경우에도 적용될 수 있다. 무한점이 빠진 복소평면은 유클리드 변환의 군 $\mathcal{E}$에 대한 단순 추이성의 영역이다. 점 $z_1, z_2$의 쌍이 다른 쌍 $w_1, w_2$로 전위되기 위한 필요충분조건은 $|w_1 - w_2| = |z_1 - z_2|$인 것이다. 따라서 군은 이중 추이적이 아니다.

(iii) 쌍곡형 군 $\mathcal{U}_+$는 단위원 $|z| < 1$의 내부를 단순 추이성의 영역으로 갖는다. 사실 변환 (1.6)에 의해서 임의의 주어진 점 $z_1$ ($|z_1| < 1$)은 중심 0으로 사상될 것이지만, 두 번째 점을 지정된 위치로 취하도록 고안된 임의의 연속된 변환은 0에 관한 순수한 회전변환임이 보여졌고, 따라서 0으로부터의 거리를 보존한다.

첫 번째 두 경우에서 증명은 불변 거리함수, 즉 군의 모든 원소 $\mathfrak{H}$와 두 점 $z_1, z_2$에 대해 두 조건

$$d[\mathfrak{H}(z_1), \mathfrak{H}(z_2)] = d(z_1, z_2) \tag{1.17}$$

와

$$d(z_1, z_2) \neq 0 \ \ (z_1 \neq z_2); \qquad d(z_1, z_1) = 0 \tag{1.18}$$

을 만족하는 함수 $d(z_1, z_2)$의 기하학적으로 분명한 존재성에 근거를 둔다.

세 번째 경우에 두 점 불변은 복비

$$d_{-1}(z_1, z_2) = \left(z_1, z_2; \frac{1}{\bar{z}_1}, \frac{1}{\bar{z}_2}\right) \tag{1.19}$$

에 의해 주어진다. 실제로, $w = \mathfrak{H}(z)$를 군 $\mathcal{U}_+$의 원소로 두자. 그러면 $\dfrac{1}{\bar{w}} = \mathfrak{H}\left(\dfrac{1}{\bar{z}}\right)$ 이고, 따라서

$$d_{-1}(w_1, w_2) = \left(\mathfrak{H}(z_1), \mathfrak{H}(z_2); \mathfrak{H}\left(\frac{1}{\bar{z}_1}\right), \mathfrak{H}\left(\frac{1}{\bar{z}_2}\right)\right) = d_{-1}(z_1, z_2)$$

이다. 따라서 쌍곡형의 경우의 증명은 두 다른 경우에서와 같은 방법에 의해 수행된다.

□

**참고** 완비 평면에서 모든 뫼비우스 변환의 군 $\mathcal{M}$은, 세 개의 주어진 서로 다른 점을 세 개의 주어진 서로 다른 점으로 보내는 하나이고, 하나 이상이 아닌, 뫼비우스 변환이 존재한다라는 강한 의미에서, '정확히 삼중 추이적'이라는 것을 얻을 수 있다. 정확히 삼중 추이적인 완비 평면을 자신으로 사상하는 모든 연속 변환의 군은 군 $\mathcal{M}$과 닮았다는 사실은 주목할 만하다. 이것은 완비 평면을 자신 위로 사상하는 (항등사상이 될 수도 있는) 위상학적 변환 이후에 주어진 삼중 추이적 군은 $\mathcal{M}$과 일치한다는 것을 의미한다.

# 생각하는 문제

**1.** 두 개의 군 $\mathcal{R}$과 $\mathcal{U}$의 공통부분, 즉 $\mathcal{R}$과 $\mathcal{U}$가 공통으로 갖는 모든 변환의 집합(부분군)을 구하라.

**2.** 두 개의 서로 다른 점 $z_1, z_2$에 대해서 회전형 뫼비우스 변환 $\mathfrak{R}$는 $\mathfrak{R}(z_1)$과 $\mathfrak{R}(z_2)$가 실 단위원에 대해서 대칭이 되도록 찾을 수 있다.

원 $\Gamma$에 관해 입체사영적으로 $z_1, z_2$에 대응하는 구의 점 $\mathbf{P}_1, \mathbf{P}_2$가 대칭인 유일한 대원 $\Gamma$가 존재함을 관찰하라. 평면 안에서 $\Gamma$의 입체사영상 $\mathfrak{C} = \begin{pmatrix} A & B \\ \bar{B} & -A \end{pmatrix}$는 점원이 $z_1, z_2$에 놓여 있는, 즉

$$\lambda_1 \begin{pmatrix} 1 & -\bar{z}_1 \\ -z_1 & z_1\bar{z}_1 \end{pmatrix} + \lambda_2 \begin{pmatrix} 1 & -\bar{z}_2 \\ -z_2 & z_2\bar{z}_2 \end{pmatrix}$$

인 쌍곡형 속에 속한다. 대응되는 매개변수 값 $\lambda_1, \lambda_2$는, 조건

$$\lambda_1(1 + z_1\bar{z}_1) + \lambda_2(1 + z_2\bar{z}_2) = 0$$

을 만족한다. 따라서 $\lambda_1 = -(1 + z_2\bar{z}_2)$, $\lambda_2 = 1 + z_1\bar{z}_1$라 할 수 있다. 그러면

$$A = z_1\bar{z}_1 - z_2\bar{z}_2, \qquad B = (1 + z_2\bar{z}_2)\bar{z}_1 - (1 + z_1\bar{z}_1)\bar{z}_2 \tag{1.20}$$

가 된다.

이제 이 원 $\mathfrak{C}$를 단위원 위로 변환시켜야 한다.

$$\mathfrak{S}^t\mathfrak{C}\overline{\mathfrak{S}} = \lambda \begin{pmatrix} 1 & 0 \\ 0 & -1 \end{pmatrix}$$

을 만족하는 회전형 뫼비우스 변환

$$\mathfrak{S} = \begin{pmatrix} a & b \\ -\bar{b} & \bar{a} \end{pmatrix}$$

를 결정한다. 이것은 조건 $2a\bar{b}A + a^2B - \bar{b}^2\bar{B} = 0$ 또는

$$\frac{A\bar{b} + Ba}{\bar{b}} = \frac{\bar{B}\bar{b} - Aa}{a} = \rho$$

를 유도하는데, 이는 에르미트(Hermite) 행렬 $\mathfrak{C}$(즉, $\overline{\mathfrak{C}^t} = \mathfrak{C}$)의 고유값 문제가 된다.

$$\begin{aligned} A\bar{b} + Ba &= \rho\bar{b} \\ \bar{B}\bar{b} - Aa &= \rho a. \end{aligned}$$

$\mathfrak{C}$의 특성값(근)은, $r$이 이 원 $\mathfrak{C}$의 반지름일 때,

$$\rho = \pm\sqrt{A^2 + B\bar{B}} = \pm Ar \tag{1.21}$$

이다. 따라서

$$a = A(1 + r) = A - \sqrt{A^2 + B\bar{B}}, \qquad b = -\bar{B} \tag{1.22}$$

와

$$\mathfrak{R} = \mathfrak{S}^{-1} = \begin{pmatrix} A - \sqrt{(A^2 + B\bar{B})} & \bar{B} \\ -B & A + \sqrt{(A^2 + B\bar{B})} \end{pmatrix} \tag{1.23}$$

로 놓을 수 있다.

**3.** 주어진 회전형 뫼비우스 변환

$$\mathfrak{R} = \begin{pmatrix} u & v \\ -\bar{v} & \bar{u} \end{pmatrix}, \quad |\mathfrak{R}| = u\bar{u} + v\bar{v} = 1 \tag{1.24}$$

에 대응하는 구면 변환은 **O**에 관한 구의 회전변환이다. 이것은 그 원소가 두 개의 복소수

$$u = u_1 + iu_2, \qquad v = v_1 + iv_2$$

에 의존하는 고유 직교행렬 $R$에 의해 표현될 수 있다. $R$에 의해 정의된 변환은 대원 $\Gamma$를 대원 $\Gamma$로 사상하는 반면 뫼비우스 변환 $\mathfrak{R}$은 $z$-평면의 대응

되는 원 위에 원 $\mathfrak{C} = \begin{pmatrix} A & B \\ \bar{B} & -A \end{pmatrix}$를 $\mathfrak{C}^* = \begin{pmatrix} A^* & B^* \\ \overline{B^*} & -A^* \end{pmatrix}$로 변환함으로 작용한다. $\mathfrak{S} = \mathfrak{R}^{-1} = \begin{pmatrix} \bar{u} & -v \\ \bar{v} & u \end{pmatrix}$로 놓으면, $\mathfrak{C}^* = \mathfrak{S}^t \mathfrak{C} \overline{\mathfrak{S}}$를 얻는데 이는 구체적인 형태로 다음을 뜻한다.

$$\begin{cases} A^* &= (u\bar{u} - v\bar{v})A + \bar{u}vB + u\bar{v}\bar{B} \\ B^* &= -2\bar{u}\bar{v}A + \bar{u}^2 B - \bar{v}^2 \bar{B} \\ \overline{B^*} &= -2uvA - v^2 B + u^2 \bar{B}. \end{cases} \tag{1.25}$$

이제 $a, b, c$와 $a^*, b^*, c^*$를 각각 다른 두 개의 입체사영적으로 대응하는 대원 $\Gamma, \Gamma^*$의 평면의 좌표라 놓자. 그러면

$$\begin{aligned} R &= \begin{pmatrix} \frac{1}{2}(u^2 + \bar{u}^2 - v^2 - \bar{v}^2) & \frac{1}{2}i(u^2 - \bar{u}^2 + v^2 - \bar{v}^2) & \bar{u}\bar{v} + uv \\ \frac{1}{2}i(\bar{u}^2 - u^2 + v^2 - \bar{v}^2) & \frac{1}{2}(u^2 + \bar{u}^2 + v^2 + \bar{v}^2) & i(\bar{u}v - uv) \\ -(\bar{u}v + u\bar{v}) & i(\bar{u}v - u\bar{v}) & u\bar{u} - v\bar{v} \end{pmatrix} \\ &= \begin{pmatrix} u_1^2 - u_2^2 - v_1^2 + v_2^2 & -2(u_1u_2 + v_1v_2) & 2(u_1v_1 - u_2v_2) \\ +2(u_1u_2 - v_1v_2) & u_1^2 - u_2^2 + v_1^2 - v_2^2 & 2(u_1v_2 + u_2v_1) \\ -2(u_1v_1 + u_2v_2) & -2(u_1v_2 - u_2v_1) & u_1^2 + u_2^2 - v_1^2 - v_2^2 \end{pmatrix} \end{aligned} \tag{1.26}$$

일 때,

$$\begin{aligned} \begin{pmatrix} a^* \\ b^* \\ c^* \end{pmatrix} &= \begin{pmatrix} 0 & 1 & 1 \\ 0 & i & -i \\ -2 & 0 & 0 \end{pmatrix} \begin{pmatrix} A^* \\ B^* \\ \overline{B^*} \end{pmatrix} \\ &= \begin{pmatrix} 0 & 1 & 1 \\ 0 & i & -i \\ -2 & 0 & 0 \end{pmatrix} \begin{pmatrix} u\bar{u} - v\bar{v} & \bar{u}v & u\bar{v} \\ -2\bar{u}\bar{v} & \bar{u}^2 & -\bar{v}^2 \\ -2uv & -v^2 & u^2 \end{pmatrix} \begin{pmatrix} A \\ B \\ \bar{B} \end{pmatrix} \end{aligned}$$

$$= \begin{pmatrix} 0 & 1 & 1 \\ 0 & i & -i \\ -2 & 0 & 0 \end{pmatrix} \begin{pmatrix} u\bar{u} - v\bar{v} & \bar{u}v & u\bar{v} \\ -2\bar{u}\bar{v} & \bar{u}^2 & -\bar{v}^2 \\ -2uv & -v^2 & u^2 \end{pmatrix} \begin{pmatrix} 0 & 0 & -\frac{1}{2} \\ \frac{1}{2} & -\frac{1}{2}i & 0 \\ \frac{1}{2} & \frac{1}{2}i & 0 \end{pmatrix} \begin{pmatrix} a \\ b \\ c \end{pmatrix}$$

$$= R \begin{pmatrix} a \\ b \\ c \end{pmatrix}$$

이다. 정규화 (1.24), 즉 $u\bar{u} + v\bar{v} = 1$에 비춰볼 때, 이는 소위 4원 매개변수 $u_1, -v_2, v_1, u_2$에 의한 회전변환군의 잘 알고 있는 표현이다.

행렬 (1.26)에 의해 표현된 회전변환의 기하학적 특성화를 위해서 축과 각을 결정해야만 한다. 축은 좌표가 $-v_2, v_1, u_2$인 점을 지나는 지름과 일치한다는 것은 쉽게 알 수 있다. 실제로,

$$R \begin{pmatrix} -v_2 \\ v_1 \\ u_2 \end{pmatrix} = \begin{pmatrix} -v_2 \\ v_1 \\ u_2 \end{pmatrix}$$

이다.

회전각 $\psi$는 초기 뫼비우스 변환 $\mathfrak{R}$의 표준형에서 보여진 바로 그것이다. 이 표준형은, 행렬 $\mathfrak{T} = \begin{pmatrix} 1 & -\gamma \\ \bar{\gamma} & 1 \end{pmatrix}$이 뫼비우스 변환 $\mathfrak{R}$의 고정점 중의 하나인 $\gamma$를 0으로 보내고, 따라서 대응하는 회전변환 $R$이 구의 극축 **NS**에 관한 회전변환이 되도록 하는 뫼비우스 변환을 나타낼 때, 형태 $\mathfrak{T}\mathfrak{R}\mathfrak{T}^{-1}$에 의해 얻어진다. 그러므로 $\gamma$는 2차 방정식 $\bar{v}\gamma^2 + (u - \bar{u})\gamma + v = 0$의 해이고,

$$\psi = 2 \arg\ (\bar{u}\gamma\bar{\gamma} + \bar{v}\gamma - v\bar{\gamma} + u) \tag{1.27}$$

를 얻는다.

**참고** 회전형 뫼비우스 변환은 허 단위원 $\begin{pmatrix} 1 & 0 \\ 0 & 1 \end{pmatrix}$을 불변시키고, 이 성질에 의해 완전히 특성화된다. 동시에, 공간에서의 회전변환은 좌표가

$$a = b = c = 0, \qquad d = 2$$

인 평면, 즉 동차좌표 $x_1, x_2, x_3, x_4$가

$$\xi = \frac{x_1}{x_4}, \quad \eta = \frac{x_2}{x_4}, \quad \zeta = \frac{x_3}{x_4} \tag{1.28}$$

을 만족할 때, 무한점 평면($x_4 = 0$)을 불변시킨다. 그러나 이 성질은 공간 회전변환을 특성화하기에는 충분치 않다. 그것은 단위구와 무한 평면을 불변시키는 사영변환이다.

**4.** 비슷한 방법으로 실 단위원을 불변시키는 뫼비우스 변환 $\mathfrak{H}$에 대응하는, 공간에서의 사영변환 $S$를 구체적으로 결정할 수 있다. 임의의 그러한 변환 $S$는 단위구와 적도 평면을 불변시키고, 구의 위 반을 자신으로 사상한다. 적도에 직교하는 모든 구면원은 같은 종류의 원으로 사상된다. 그러므로 극 축에 평행한 모든 평면은 축으로부터의 거리가 1보다 작거나, 같거나, 큰, 같은 종류의 평면 위로 사상된다.

이제, 적도평면을 사영평면으로 생각하자. 이것의 유한 부분에서 이것은 $z$-평면에 일치한다. 단위원 $\xi^2 + \eta^2 = 1$을 불변시키고, 이 원의 내부를 자신으로 사상하는 평면 사영변환에 의해서 공간변환 $S$는 유일하게 결정된다.

주어진 뫼비우스 변환 $\mathfrak{H} = \begin{pmatrix} u & v \\ \bar{v} & \bar{u} \end{pmatrix}$는

$$|\mathfrak{H}| = u\bar{u} - v\bar{v} = 1 \tag{1.29}$$

을 만족하도록 표준화되었다고 가정할 수 있다. 이것은 원 $\mathfrak{C} = \begin{pmatrix} A & B \\ \bar{B} & A \end{pmatrix}$

(이것은 단위원 $\begin{pmatrix} 1 & 0 \\ 0 & -1 \end{pmatrix}$에 직교한다)를 원

$$\mathfrak{C}^* = \mathfrak{S}^t \mathfrak{C} \overline{\mathfrak{S}} = \begin{pmatrix} A^* & B^* \\ \overline{B^*} & A^* \end{pmatrix} \qquad \left[ \mathfrak{S} = \mathfrak{H}^{-1} = \begin{pmatrix} \bar{u} & -v \\ -\bar{v} & u \end{pmatrix} \right]$$

위로 사상할 것인데, 이 원의 좌표는

$$\begin{cases} A^* &= (u\bar{u} + v\bar{v})A - \bar{u}vB - u\bar{v}\overline{B} \\ B^* &= -2\bar{u}\bar{v}A + \bar{u}^2 B + \bar{v}^2 B \\ C^* &= -2uvA + v^2 B + u^2 \overline{B} \end{cases} \tag{1.30}$$

로 주어진다. 평면좌표 $a, b, c, d$와 $a^*, b^*, c^*, d^*$에 계속 적용하면, $c = 0$, $c^* = 0$임을 알고, (이 때 문제의 평면들은 적도 평면에 직교한다.)

$$\tilde{S} = \begin{pmatrix} \frac{1}{2}(u^2 + \bar{u}^2 + v^2 + \bar{v}^2) & \frac{1}{2}i(u^2 - \bar{u}^2 - v^2 + \bar{v}^2) & \bar{u}\bar{v} + uv \\ \frac{1}{2}i(\bar{u}^2 - u^2 - v^2 + \bar{v}^2) & \frac{1}{2}(u^2 + \bar{u}^2 - v^2 - \bar{v}^2) & i(\bar{u}\bar{v} - uv) \\ -(\bar{u}v + u\bar{v}) & i(\bar{u}v - u\bar{v}) & u\bar{u} + v\bar{v} \end{pmatrix}$$

$$= \begin{pmatrix} u_1^2 - u_2^2 + v_1^2 - v_2^2 & -2(u_1u_2 - v_1v_2) & 2(u_1v_1 - u_2v_2) \\ 2(u_1u_2 + v_1v_2) & u_1^2 - u_2^2 - v_1^2 + v_2^2 & 2(u_1v_2 + u_2v_1) \\ -2(u_1v_1 + u_2v_2) & -2(u_1v_2 - u_2v_1) & u_1^2 + u_2^2 + v_1^2 + v_2^2 \end{pmatrix} \tag{1.31}$$

일 때,

$$\begin{pmatrix} a^* \\ b^* \\ d^* \end{pmatrix} = \begin{pmatrix} 0 & 1 & 1 \\ 0 & i & -i \\ 2 & 0 & 0 \end{pmatrix} \begin{pmatrix} u\bar{u} + v\bar{v} & -\bar{u}v & -u\bar{v} \\ -2\bar{u}\bar{v} & \bar{u}^2 & \bar{v}^2 \\ -2uv & v^2 & u^2 \end{pmatrix} \begin{pmatrix} 0 & 0 & \frac{1}{2} \\ \frac{1}{2} & \frac{1}{2}i & 0 \\ \frac{1}{2} & \frac{1}{2}i & 0 \end{pmatrix} \begin{pmatrix} a \\ b \\ d \end{pmatrix}$$

$$= \tilde{S} \begin{pmatrix} a \\ b \\ d \end{pmatrix}$$

이다. 이제, 동차좌표 $x_1, x_2, x_3, x_4$를 (1.28)에서처럼 도입하고자 한다.

$$ax_1 + bx_2 + dx_4 = 0 \tag{1.32}$$

은 ($\zeta$-축에 평행한 공간에서의 평면의 방정식이기도한) $\xi\eta$-평면에 있는 직선의 방정식이다. 직선의 좌표 $a, b, d$에서 사영변환의 대표로서 행렬은 삼행 로렌츠(Lorentz) 행렬, 즉

$$\tilde{S}^t \tilde{L} \tilde{S} = \tilde{L}, \qquad \tilde{L} = \begin{pmatrix} 1 & 0 & 0 \\ 0 & 1 & 0 \\ 0 & 0 & -1 \end{pmatrix} \tag{1.33}$$

이다. 이에 따라, 점좌표 $x_1, x_2, x_4$에서의 대응하는 사영변환, 즉

$$\begin{pmatrix} y_1 \\ y_2 \\ y_4 \end{pmatrix} = \tilde{S}_1 \begin{pmatrix} x_1 \\ x_2 \\ x_4 \end{pmatrix} \tag{1.34}$$

는 그것의 행렬 $\tilde{S}_1$로 (1.33)에 관련해 $\tilde{S}$에서 세 번째 행과 세 번째 열의 원소를, 그들의 공통 원소만 제외하고, 수치적으로 반대인 값으로 바꿈으로써 얻을 수 있는, $\tilde{S}$의 반기울기 행렬 $\left(\tilde{S}^t\right)^{-1}$를 갖는다.

$z$-평면의 뫼비우스 변환 $\mathfrak{H}$와 $\xi\eta$-평면에서 사영 변환 $\tilde{S}_1$에 대응하는 사영 공간 변환은 다음 방법에 의해 구해질 것이다. 구 위의 점 $x$의 좌표들 $x_1, x_2, x_3, x_4$는 조건 $x_3^2 = x_4^2 - x_1^2 - x_2^2$을 만족하고, (1.29)를 고려해 볼 때, (1.34)에 의해

$$y_3^2 = y_4^2 - y_1^2 - y_2^2 = x_3^2$$

을 얻는다. 따라서 $y_3 = \pm x_3$이다. 그러나 구의 위 반은 위 반으로 사상되기 때문에 $y_3 = x_3$이다. 따라서 점 $x$를 구의 점 $y$ 위로 사상하는 변환은

$$S = \begin{pmatrix} u_1^2 - u_2^2 + v_1^2 - v_2^2 & -2(u_1u_2 - v_1v_2) & 0 & -2(u_1v_1 - u_2v_2) \\ 2(u_1u_2 + v_1v_2) & u_1^2 - u_2^2 - v_1^2 + v_2^2 & 0 & -2(u_1v_2 + u_2v_1) \\ 0 & 0 & 1 & 0 \\ 2(u_1v_1 + u_2v_2) & 2(u_1v_2 - u_2v_1) & 0 & u_1^2 + u_2^2 + v_1^2 + v_2^2 \end{pmatrix}$$

일 때,

$$y = Sx$$

로 주어진다. 이것은 단위원과 그 내부를 불변시키는 평면 사영 변환들의 매개변수 표현이다.

**5.** 같은 방법으로 구를 그 자신위로 사상하고, 평면 유클리드 운동에 대응하는 그러한 사영변환의 매개변수 표현을 찾을 수 있다. 이 경우 구 위의 교환된 원은 $z$-평면의 직선에 대응하는 그러한 것들이다. 그들의 에르미트 행렬은 $\mathfrak{C} = \begin{pmatrix} 0 & B \\ \bar{B} & D \end{pmatrix}$ $(A = 0)$의 형태(즉, $\overline{\mathfrak{C}^t} = \mathfrak{C}$)를 갖는다. 따라서, $d = c$이다. 만약, $\mathfrak{H} = \begin{pmatrix} e^{i\alpha} & v \\ 0 & 1 \end{pmatrix}$이 주어진 운동을 나타낸다면,

$$e^{i\frac{\alpha}{2}}\mathfrak{H}^{-1} = \begin{pmatrix} e^{-i\frac{\alpha}{2}} & -e^{-i\frac{\alpha}{2}} - e^{-i\frac{\alpha}{2}v} \\ 0 & e^{i\frac{\alpha}{2}} \end{pmatrix} = \mathfrak{S}$$

라 놓자. 그러면 행렬 $\mathfrak{C}^* = \mathfrak{S}^t\mathfrak{C}\overline{\mathfrak{S}}$의 원소는

$$B^* = e^{-i\alpha}B, \qquad \overline{B^*} = e^{i\alpha}\bar{B}, \qquad D^* = -ve^{-i\alpha}B - \bar{v}e^{i\alpha}\overline{B} + D$$

가 됨을 알 수 있다. $v = re^{i\beta}$ $(|v| = r)$이라면,

$$\begin{pmatrix} a^* \\ b^* \\ c^* \end{pmatrix} = \begin{pmatrix} \cos\alpha & -\sin\alpha & 0 \\ \sin\alpha & \cos\alpha & 0 \\ -r\cos(\beta-\alpha) & -r\sin(\beta-\alpha) & 1 \end{pmatrix} \begin{pmatrix} a \\ b \\ c \end{pmatrix}$$

이다. 이 행렬은 하나이고 오직 한 가지 방식에 의해 로렌츠 행렬

$$T = \begin{pmatrix} \cos\alpha & -\sin\alpha & r\cos\beta & -r\cos\beta \\ \sin\alpha & \cos\alpha & r\sin\beta & -r\sin\beta \\ -r\cos(\beta-\alpha) & -r\sin(\beta-\alpha) & 1-\frac{1}{2}r^2 & \frac{1}{2}r^2 \\ -r\cos(\beta-\alpha) & -r\sin(\beta-\alpha) & -\frac{1}{2}r^2 & 1+\frac{1}{2}r^2 \end{pmatrix}$$

으로 완성될 수 있다. 여기서 $T$는 평면 좌표 $a, b, c, d$에서 변환을 표현한다. 그러면 점 좌표 $x_1, x_2, x_3, x_4$에서 같은 변환을 나타내는 행렬 $S$는 반기울기 행렬 $T^{t-1}$, 즉

$$S = LTL$$

이 될 것이다. $S$는 네 번째 행과 네 번째 열을, 공통 원소 $(1 + \frac{1}{2}r^2)$을 제외하고, 수치적으로 반대인 값으로 바꿈으로써 얻을 수 있다.

**6.** 군 $\mathcal{R}$에 대한 두 점 불변(거리 함수)는 복비

$$d(z_1, z_2) = \left(z_1, z_2; -\frac{1}{\bar{z}_1}, -\frac{1}{\bar{z}_2}\right) \tag{1.35}$$

에 의해 주어진다.

**7.** 유클리드 전이 (1.16)의 군 $\mathcal{E}$는 모든 정수형 뫼비우스 변환의 군 $\mathfrak{I}$의 불변 부분군이고, 상군 $\mathfrak{I}/\mathcal{E}$는 모든 고유 확장변환 $w = az$ $(a > 0)$의 군과 동형적이다.

**8.** 원 $(0, \rho)$를 자신으로 사상하는 모든 뫼비우스 변환의 군 $\mathcal{G}^{(\rho^2)}$는, $\rho$가 실수 또는 순허수일 때, 행렬

$$\mathfrak{H} = \begin{pmatrix} a & b \\ \dfrac{\bar{b}}{\rho^2} & \bar{a} \end{pmatrix} \tag{1.36}$$

이다. 그러면 $\mathcal{G}^{(1)} = \mathcal{U}$, $\mathcal{G}^{(\infty)} = \mathcal{E}$, $\mathcal{G}^{(-1)} = \mathcal{R}$이다. 따라서 군 $\mathcal{G}^{(\rho^2)}$은 $\rho^2 > 0$이면 $\mathcal{U}$와 닮았고, $\rho^2 < 0$이면 $\mathcal{R}$과 닮았다.

순허수 $b$에 관해 행렬 (1.36)은 표준화된 원 행렬임을 관찰할 수 있다..

## 1.9 변환군의 기하학

**1.9.1 유클리드기하학.** 비유클리드기하학의 다음 설명에 대한 준비과정으로 어떻게 유클리드기하학의 정수가 모든 유클리드 변위(운동)의 군 $\mathcal{E}$의 어떤 성질로부터 유도될 수 있는지 먼저 보겠다.

선분, 삼각형, 직선, 원 같은 평면 기하학적 도형을 $\mathfrak{F}, \mathfrak{F}_1, \mathfrak{F}_2$라 놓는다. 평면상의 유클리드기하학은 $\mathfrak{F}$가 임의의 방법으로 평면 상에서 변위되어도 바뀌지 않고 남아 있는 그러한 도형 $\mathfrak{F}$의 그러한 성질을 연구하는 것이다. 도형 $\mathfrak{F}$의 다른 점 사이의 거리와 직선 혹은 원 사이의 각은 변위에 의해 변하지 않는다. 평면 상의 고정점으로부터 $\mathfrak{F}$의 점까지의 거리는 변하게 된다.

도형 $\mathfrak{F}_1$이 변위에 의해 $\mathfrak{F}_2$와 일치하도록 할 수 있다면, $\mathfrak{F}_1$과 $\mathfrak{F}_2$는 **모든 변위의 군**에 관해 **합동** 또는 단순히 **합동**이라고 말한다. 그러므로 모든 변위 (1.16)의 군 $\mathcal{E}$는 기하학적 도형의 합동성을 결정한다. 군 $\mathcal{E}$의 원소인 어떤 조작들은 주어진 두 도형의 합동성을 검사할 수 있게 해준다.

더욱이 이것의 일변수 부분군, 즉 어떤 군구조적 성질에 의해 군 $\mathcal{E}$는 유클리드기하학의 기본 원소, 즉 직선과 원을 정의한다. 이것은 $\mathcal{E}$의 두 가지 다른 종류의 일변수 부분군에 대응한다.

**1. 포물형 부분군.** 이 부분군은 군 $\mathcal{E}$의 포물형 변환의 연속적인 반복에 의해 얻어진다. 군의 모든 포물형 변환은 평행이동 $\mathfrak{T}_b$

$$w = \mathfrak{T}_b(z) = z + b$$

들이다. 상수 $z$와 실변수 $s$에 대해, 점

$$w = \mathfrak{T}_b^s(z) = z + sb$$

는, 평행이동 벡터 $b$에 평행한, $z$를 지나는 잘 정의된 직선 위를 움직인다.

**2. 타원형 부분군.** 변위군 $\mathcal{E}$의 임의의 비 평행이동변환은 타원형이다. $\alpha \neq 2n\pi$라 하자. 그러면

$$\gamma = \frac{b}{1 - e^{i\alpha}}$$

는

$$w = \mathfrak{H}(z) = \gamma + e^{i\alpha}(z - \gamma)$$

의 형태로 쓸 수 있는 회전변환 (1.16)의 유일한 유한 고정점이다. 따라서 상수 $z \neq \gamma$가 주어질 때, 점

$$w = \mathfrak{H}^s(z) = \gamma + e^{i\alpha s}(z - \gamma)$$

는, $s$가 실변수이면, $z$를 지나는 $\gamma$에 관한 원 위를 움직일 것이다.

모든 점 $z$는 알맞은 변위 $\mathfrak{H}$에 의해서 유한 평면에서 임의의 다른 점의 위치로 이동될 수 있다. 따라서 함수 $f(z)$가 불변이면, 즉, $\mathcal{E}$ 안의 모든 $\mathfrak{H}$에 대해

$$f[\mathfrak{H}(z)] = f(z) \tag{1.37}$$

이면, 그것은 반드시 상수이어야만 한다. 이것이 바로 우리가 변위군의 1-점 불변이 존재하지 않는다고 말하는 것을 의미한다. 이 사실은 물론 군 $\mathcal{E}$의 추이성의 결과이다.

점 $z$의 다음에 점 $z_1, z_2$의 쌍에 의해 정의된 선분을 생각한다. 임의의 변위하에서 불변인 두 점 $z_1, z_2$의 함수가 있다. 이것은 그들의 거리 $|z_1 - z_2|$이다. 당연히, 임의의 거리의 함수는 불변이다. 함수의 선택에서 이런 임의성은 별 문제로 하더라도, 거리 $|z_1 - z_2|$는 두 점에 관련되어 불변인 유일한 변위임을 보일 것이다. 이것은 모든 불변 함수 $f(z_1, z_2)$는 거리 $|z_1 - z_2|$의 함수임을 의미한다.

실제로, $f(z_1, z_2)$가 불변이라면, $z_1, z_2$가 둘 다 임의의 평행이동 $f(z_1 + b, z_2 + b) = f(z_1, z_2)$의 적용을 받을 때, 그것은 그것의 값을 변화시키지는 않을 것이다. $b = -z_2$에 대해

$$f(z_1, z_2) = f(z_1 - z_2, 0)$$

이다. 따라서 불변값은 차 $z_1 - z_2$의 함수이다.

그러나 $f(z_1, z_2)$는, $z_1, z_2$가 임의의 회전변환

$$f(z_1, z_2) = f[e^{i\alpha}(z_1 - z_2), 0]$$

의 적용을 받는다면, 그것의 값을 유지한다. $\alpha = -\arg(z_1 - z_2)$라 하면,

$$f(z_1, z_2) = f(|z_1 - z_2|, 0)$$

이 성립한다.

**참고** 군 $\mathcal{E}$의 2중 추이성이 아닌 단순 추이성은 불변 거리의 존재성과 유일성에 대해 필수이다. 실제로 변환의 2중 추이적 군은 두 점에 관련된 불변을 가질 수 없다는 것과 비추이적 군은 두 점의 몇 가지 불변들을 가질 수 있다는 것을 보는 것은 쉽다.

**1.9.2 $\mathcal{G}$-기하학.** ($\mathcal{G}$-기하학이라 부르는) 기하학을 이 기하학의 '공간' 안에서 작용하는 변환들의 보다 임의의 군 $\mathcal{G}$와 유클리드 운동들의 군 $\mathcal{E}$가 유클리드 평면에서 작용하는 방법으로 연결시킨 것은 클라인(Klein)의 '에를랑겐(Erlangen) 프로그램'(1872)의 기본 사고이었다. $\mathcal{G}$-기하학의 '공간'은 변환들의 주어진 군 $\mathcal{G}$의 단순 추이성의 영역으로 정의될 수 있다.

특히 클라인의 의미에서 쌍곡형, 포물형과 타원형 다발의 군에 속하는 그러한 평면 기하학을 연구할 것이다. 이 다발들을 그들의 표준형으로 가정할 수 있다. 따라서 $\mathcal{G}$는, 단순 추이성의 영역으로 각각 단위원의 내부, 통상적 유클리드 평면과 복소수의 완비 평면을 갖는, 군들 $\mathcal{U}_+, \mathcal{E}, \mathcal{R}$ 중의 하나일 것이다. 각 경우에서 이 영역은 $\mathcal{D}$로 표시할 수 있다. 이것은 대응하는 $\mathcal{G}$-기하학의 평면(또는 '공간')이다.

유클리드기하학의 경우에서처럼, $\mathcal{D}$에서의 두 도형은, 하나가 $\mathcal{G}$의 변환에 의해서 다른 것으로 사상되어질 수 있다면, $\mathcal{G}$-일치라고 말할 것이다.

$\mathcal{G}$-기하학의 점은 $\mathcal{D}$ 안의 복소수이다. 직선, 순환마디, 그리고 원으로 불리는 $\mathcal{G}$-기하학의 다른 기본적인 원소는 $\mathcal{G}$의 원소 $\mathfrak{H}$의 연속적 반복 $\mathfrak{H}^s$로 이루어지는 $\mathcal{G}$의 1-매개변수 부분군을 통해 소개되었다. $\mathcal{D}$의 임의의 점 $z_0$에 $\mathfrak{H}$의 모든 멱을 적용하므로써 얻어지는 모든 곡선 $\mathfrak{C}$는 원 또는 원의 호라는 것이 알려져 있다. 그것의 매개변수 표현은 방정식

$$z = \mathfrak{H}^s(z_0) \qquad (-\infty < s < \infty) \tag{1.38}$$

에 의해 주어진다.

**[정의 1.4]** 원 $\mathfrak{C}$는 변환 $\mathfrak{H}$가 타원형이라면 $\mathcal{G}$-원이라 부른다. $\mathcal{D}$ 내부에 놓여있는 $\mathfrak{H}$의 고정점 $\gamma$는 $\mathcal{G}$-원의 **중심**이라고 부른다. 원호 (1.38)은, $\mathfrak{H}$가 고유 쌍

곡형이라면 $\mathcal{G}$-초순환마디라 불리고, $\mathfrak{H}$가 포물형이면 $\mathcal{G}$-호로사이클이라 불린다.

$\mathcal{G} = \mathcal{R}$이면, $\mathcal{G}$의 모든 변환은 타원형이고, 따라서 $\mathcal{G}$-순환마디는 없다. $\mathcal{G} = \mathcal{E}$이면, 모든 변환은 타원형 또는 포물형이고 초순환마디는 존재하지 않는다.

0을 지나는 통상적 (유클리드) 직선 위에 놓여 있는 $\mathcal{G}$-순환마디와 $\mathcal{G}$-원은, 정의에 의해, 0을 지나는 $\mathcal{G}$-직선이다. 0을 지나는 $\mathcal{G}$-직선과 합동인 모든 곡선을 $\mathcal{G}$-직선이라 부른다.

따라서 $\mathcal{U}_+$-직선은 단위원에 수직이고 (단위원에 의해서 경계가 이루어지는) $\mathcal{U}_+$-초순환마디이다. $\mathcal{E}$-직선은 호로사이클이다. 이것은 무한점을 통과하는 원, 즉 통상의 직선이다.

앞의 정의를 근간으로, 기하적인 이론들이 어떻게 발전될 수 있는가를 보일 것이다. $\mathcal{G} = \mathcal{E}$인 경우는 1.9.1절에 논의되어 있다. 더 이상의 토의는 하지 않을 것이다. $\mathcal{G} = \mathcal{U}_+$에 대해서는 **쌍곡기하학**을 얻고, $\mathcal{G} = \mathcal{R}$에 대해서는 **구면기하학**을 얻게 된다. 이 기하학들의 각각에서 $\mathcal{G}$의 원소들은 유클리드기하학에서 운동의 역할을 수행한다. 그러므로 $\mathcal{U}_+$를 **쌍곡운동의 군**이라 부르며 $\mathcal{R}$을 **구면운동의 군**이라고 부른다.

**1.9.3 거리함수.** 어떻게 거리함수가 쌍곡기하학과 구면기하학에서 구성될 수 있는가를 1.8.5절과 같은 절 문제 6에서 보았다. 이제 세 군 $\mathcal{U}_+, \mathcal{E}, \mathcal{R}$과 가능하다면 다른 군 $\mathcal{G}$에 공통인 두 번째 방법을 전개해 본다. 동시에 거리함수의 유일성도 확립될 것이다.

그 증명은 $\mathcal{U}_+, \mathcal{E}, \mathcal{R}$의 경우에 실현되는 군 $\mathcal{G}$의 몇 가지 간단한 성질에 기초하게 된다.

I. $\mathcal{G}$의 원소는 $\mathcal{D}$에서 자신 위로의 사상이다.
군의 원소로서 $\mathcal{G}$ 안에 그 역을 가지고 있고, 따라서 1대1이고 가역적이다.

II. $\mathcal{G}$는 2중이 아닌 단순 추이적이다.

$\mathcal{D}$의 점 $z_0$이 고정점인 $\mathcal{G}$의 모든 원소 $\mathfrak{H}_0$은 $z_0$에서 $\mathcal{G}$의 **안정 부분군**이라 불리는 $\mathcal{G}$의 부분군 $\mathcal{H}_0$을 형성한다.

**[정리 1.16]** $\mathcal{D}$의 점들에서 안정 부분군은 $\mathcal{G}$의 공액 부분군의 완전 집합을 형성한다.

**증명** $z_1$을 $\mathcal{D}$의 점이라 하고 $\mathcal{H}_1$을 $z_1$에서의 안정 부분군이라 하자. 가정 II에 따르면 $z = \mathfrak{T}(z_0)$을 만족하는 변환 $\mathfrak{T}$가 $\mathcal{G}$ 안에 존재한다. 그러면

$$\mathfrak{T}\mathfrak{H}_0\mathfrak{T}^{-1}(z_1) = \mathfrak{T}\mathfrak{H}_0(z_0) = \mathfrak{T}(z_0) = z_1$$

이 되는데, 이것은 $\mathcal{H}_0$의 모든 원소 $\mathfrak{H}_0$에 대해서 변환 $\mathfrak{T}\mathfrak{H}_0\mathfrak{T}^{-1}$은 $\mathcal{H}_1$의 원소임을 뜻한다. 비슷하게 모든 $\mathfrak{H}_1$에 대해서 $\mathcal{H}_1$에서 변환 $\mathfrak{T}^{-1}\mathfrak{H}_1\mathfrak{T}$는 $\mathcal{H}_0$의 원소이다. 따라서 군 이론의 기호에서 $\mathcal{H}_1 = \mathfrak{T}\mathcal{H}_0\mathfrak{T}^{-1}$을 얻는데, 이것은 $\mathcal{H}_0$과 $\mathcal{H}_1$이 공액 부분군이라는 것을 의미한다. □

1.8.1과 1.8.2절 그리고 1.9.1절로부터 군 $\mathcal{U}_+, \mathcal{E}, \mathcal{R}$의 각각에서 점 0에서의 안정 부분군은 이 점에 관한 모든 회전변환의 군이라는 것은 분명하다. 그러므로 $\mathcal{D}$가 점 0을 포함하고

III. 0에서 $\mathcal{G}$의 안정 부분군은 0에 관한 모든 (유클리드) 회전변환의 군이다.

라고 가정하자.

이제 이 세 가정의 기반 위에서 $\mathcal{D}$의 점 $z_1, z_2$의 모든 쌍에 대해 정의된 불변 $f(z_1, z_2)$를 구성할 것이다. $\mathfrak{H}$를 $\mathcal{G}$의 원소라 하고

$$\mathfrak{H}(z_1) = w_1, \quad \mathfrak{H}(z_2) = w_2$$

라 하자.

$\mathcal{D}$의 임의의 점 $z_0$을 선택하고,

$$\mathfrak{H}_{z_2}(z_2) = \mathfrak{H}_{w_2}(w_2) = z_0$$

인 $\mathcal{G}$의 두 변환 $\mathfrak{H}_{z_2}, \mathfrak{H}_{w_2}$를 구하라. 그러면 $z_0$은 변환

$$\mathfrak{H}_0 = \mathfrak{H}_{w_2}\mathfrak{H}\mathfrak{H}_{z_2}^{-1}$$

의 고정점이다. 만약 이 변환을 $z = \mathfrak{H}_{z_2}(z_1)$에 적용한다면,

$$\mathfrak{H}_0[\mathfrak{H}_{z_2}(z_1)] = \mathfrak{H}_{w_2}[\mathfrak{H}(z_1)] = \mathfrak{H}_{w_2}(w_1) \tag{1.39}$$

을 얻는다.

$z_0$에서의 안정 부분군 $\mathcal{H}_0$이 단위 원소로만, 따라서 반드시 $\mathfrak{H}_0 = \mathfrak{E}$로만 이루어진다면, 식 (1.39)에 의해 $\mathfrak{H}_{z_2}(z_1)$은 군 $\mathcal{G}$에 의해 불변이다.

그러나 이제 $z_0 = 0$이라 하자. 그러면 III에 따르면 안정 부분군 $\mathcal{H}_0$은 0에 관한 모든 회전변환의 군이다. 그러므로

$$\mathfrak{H}_0(z) = e^{i\alpha}z$$

이고, 식 (1.39)로부터

$$f(z_1, z_2) = |\mathfrak{H}_{z_2}(z_1)| \tag{1.40}$$

은 군 $\mathcal{G}$의 두 점 불변을 표현한다는 것은 분명하다.

$\mathcal{D}$의 모든 $z$에 대해

$$f(z, 0) = |\mathfrak{H}_0(z)| = |z| \tag{1.41}$$

은 안정군 $\mathcal{H}_0$의 유일한 불변이라는 것을 살펴 본다. 따라서 0과 $z$의 임의의 다른 불변은 $|z|$의 함수이다. 그러므로 함수 $f(z_1, z_2)$의 대칭이 확립되지 않는 한

$$f(0, z) = F(|z|)$$

를 만족하는 음이 아닌 변수 $r$의 함수 $F(r)$이 존재한다는 것만 말할 수 있다.

더구나 $\mathcal{G}$의 원소 $\mathfrak{H}$에 대해

$$\mathfrak{H}(0) = w_0, \qquad \mathfrak{H}(z) = w$$

가 성립한다면,

$$f(w, w_0) = |z| \tag{1.42}$$

이 유일하게 정의된다. 비슷하게 $f(w_0, w) = F(|z|)$이다.

이제 $f_1(z_1, z_2)$가 $\mathcal{G}$의 다른 두 점 불변이라 하자. 부분군 $\mathcal{H}_0$의 불변성이 유일하므로, $f_1(z, 0) = F_1(|z|)$를 만족하는 함수 $F_1(r)$이 존재한다. 따라서 $w_0$이 $\mathfrak{H}$의 선택에 의해 정의될 때,

$$f_1(w, w_0) = F_1(|z|) = F_1[f(w, w_0)]$$

이 성립한다. $z$가 $\mathcal{D}$의 임의의 점이므로 $w$에 대해서도 성립한다. 따라서 마지막 방정식은 $\mathcal{D}$의 점들 $w_0, w$의 모든 쌍에 대해서도 성립한다. 그러므로

**[정리 1.17]** 조건 I – III을 만족하는 군 $\mathcal{G}$에 대해 유일한 독립 두 점 불변 $f(z_1, z_2)$가 존재한다. 그것은 식 (1.40)에 의해 주어지고, $z_1, z_2$의 $\mathcal{G}$-거리 함수라 불린다.

유클리드 평면의 임의의 두 점 $z_1, z_2$의 $\mathcal{E}$-거리 함수는 유클리드 거리 $|z_1 - z_2|$와 같다는 것은 즉시 증명된다. 이 거리의 분명한 성질들의 몇 가지는 또한 $\mathcal{G}$-거리 함수의 성질들이다. (1.40)에 의해 주어진 함수 $f(z_1, z_2)$는 음이 아니고, 0이 되기 위한 필요충분조건은 $z_1 = z_2$인 것이다. 실제로 $\mathfrak{H}_{z_2}(z_2) = z_0 = 0$이고, 변환 $\mathfrak{H}_{z_2}$가 $\mathcal{G}$ 안에 유일한 역을 가지므로 방정식 $\mathfrak{H}_{z_2}(z) = 0$은 유일한 해 $z = z_2$를 갖는다.

군 $\mathcal{G}$와 관련하는 별도의 가정이 없이는 거리함수 $f(z_1, z_2)$가 대칭적, 즉 $f(z_2, z_1) = f(z_1, z_2)$라는 것을 증명하는 것은 불가능한 것처럼 보인다. 그러나, 군 $\mathcal{G}$에 대해

$$f(0, z) = f(z, 0) \tag{1.43}$$

이 다음 조건

IV. $\mathfrak{H}_{z_1}(z_1) = 0$을 만족하는 $\mathcal{G}$의 변환 $\mathfrak{H}_{z_1}$은 성질 $|\mathfrak{H}_{z_1}(0)| = |z_1|$을 만족한다.

를 포함한다고 가정하면 대칭은 성립한다.

사실 $f(z_1, z_2)$의 불변성을 사용하면 이 함수의 대칭성을 증명할 수 있다.

$$\begin{aligned} f(z_1, z_2) &= |\mathfrak{H}_{z_2}(z_1)| \\ &= f[\mathfrak{H}_{z_1}(z_1), \mathfrak{H}_{z_1}(z_2)] = f[0, \mathfrak{H}_{z_1}(z_2)] \\ &= f[\mathfrak{H}_{z_1}(z_2), 0] = |\mathfrak{H}_{z_1}(z_2)| \\ &= f(z_2, z_1). \end{aligned}$$

이제 각각 $\mathcal{G} = \mathcal{U}_+$, 또는 $\mathcal{E}$, 또는 $\mathcal{R}$이라 하고, $\varepsilon = -1$, 또는 0, 또는 +1이라고 하자. 그러면 $\mathcal{G}$의 원소들은 변환 $\dfrac{az+b}{-\varepsilon\bar{b}z+\bar{a}}$이고, $\mathfrak{H}_{z_2}(z_2) = 0$은 $b = -az_2$를 유도한다. 그러므로 (1.40)에 의해 거리함수

$$f_\varepsilon(z_1, z_2) = \frac{|z_1 - z_2|}{|1 + \varepsilon\bar{z}_2 z_1|} \tag{1.44}$$

을 얻는다. 이 함수가 대칭적임을 쉽게 알 수 있다. 그들은 (1.19)와 1.8절, 문제 6에서 소개했던 함수 $d_{-1}, d_1$과 자연적으로 연결되어 있다.

**1.9.4 $\mathcal{G}$-원들.** 다시 $\mathcal{G}$를 군 $\mathcal{U}_+, \mathcal{E}, \mathcal{R}$ 중의 하나라고 하자. 기초적인 유클리드 기하학에서처럼 $\mathcal{G}$-기하학에서의 원은 다음과 같이 특성화 될 수 있다.

**[정리 1.18]** $\mathcal{G}$-원은 $\mathcal{D}$의 한 점 $z_0$으로부터 일정한 $\mathcal{G}$-거리를 갖는 $\mathcal{D}$의 모든 점들의 자취이고, 이 성질을 갖는 모든 곡선은 $\mathcal{G}$-원이다. $z_0$은 $\mathcal{G}$-원의 $\mathcal{G}$-중심이라고 한다.

**증명** 정의(1.9.2절)에 의해 $\mathcal{G}$-원은, $z_1$이 $\mathcal{D}$에서 상수일 때, 모든 점 $\mathfrak{H}^s(z_1)$로 구성되고, $\mathfrak{H}$는 $\mathcal{G}$의 타원형 원소이다. 따라서 $\mathfrak{H}$는 $\mathcal{D}$에서 적어도 하나의 고정점 $z_0$을 갖는다. ($z_0$을 0으로 사상하는) $\mathcal{G}$의 변환 $\mathfrak{H}_{z_0}$에 의해 $\mathcal{G}$-원은 $z_1^* = \mathfrak{H}_{z_0}(z_1)$일 때, 모든 점

$$z^* = \mathfrak{H}_0^s(z_1^*)$$

의 집합으로 사상한다. 따라서

$$\mathfrak{H}_0 = \mathfrak{H}_{z_0}\mathfrak{H}\mathfrak{H}_{z_0}^{-1}$$

이다. 변환 $\mathfrak{H}_0$은 0을 고정점으로 갖고, 따라서 회전변환이다. 그러므로 $|z^*| = |z_1^*|$이고

$$f(z, z_0) = f(z_1, z_0) \tag{1.45}$$

이다.

역으로, $\mathcal{D}$에서 $z_0, z_1$의 확정된 선택에 대해서, (1.45)는

$$\mathfrak{H}_{z_0}(z) = e^{is}\mathfrak{H}_{z_0}(z_1) \qquad (s : \text{실수}) \tag{1.46}$$

과 동치이다. 그러므로 (이 관계식의 양변에 $\mathfrak{H}_{z_0}^{-1}$을 적용함으로써) (1.45)에 의해서 주어진 곡선의 매개변수 표현을 얻는다. $\mathfrak{H}$가 타원형 뫼비우스 변환일 때 이것은 $z = \mathfrak{H}^s(z_1)$의 형태로 쓰여질 수 있다. 따라서 (1.45)는 $\mathcal{G}$-중심으로 $z_0$을 갖고 $z_1$을 지나는 $\mathcal{G}$-원을 나타낸다. □

(1.41)로부터 0에 관한 $\mathcal{G}$-원은 0에 관한 통상의 원이라는 것을 알 수 있다. $\mathcal{U}_+$인 경우, 즉 쌍곡기하학에서, $\mathcal{D}$는 단위원의 내부이다. 0에 관한 그것의 원주는 쌍곡평면의 '수평선, 지평선' 또는 '절대'라고 부른다. 그것의 점들은 '평면' $\mathcal{D}$의 무한점을 표현한다. 그것을 $\Gamma$라 놓을 것이다.

모든 쌍곡 원반(즉, $\mathcal{U}_+$의 내부)은 $\mathcal{D}$의 내부점으로만 이루어지고, 따라서 수평선과 공통점을 갖지 못한다. 실제로, 쌍곡 원반의 모든 점은 쌍곡 운동, 즉 $\mathcal{D}$의 자기자신으로의 변환에 의해 쌍곡 원반의 점 중의 하나로부터 얻어진다. $\Gamma$의 점 $z_1$에 적용하면, 식 (1.46)은 $\mathcal{D}$의 모든 점 $z_0$은 이 원 $\Gamma$의 $\mathcal{G}$-중심이라는 것을 제시한다. 이것은 원 $\Gamma$의 특별한 위치를 보여준다. 우리는 $\mathcal{D}$를 그것의 둘레가 빠진 열린 원반이라고 가정하므로써 이 비정규성을 피한다.

유클리드기하학의 경우에 $\mathcal{D}$는 모든 복소수의 평면(복소 평면)이고, $\Gamma$는 $\infty$에서의 점원이다. 타원기하학($\mathcal{G} = \mathcal{R}$)인 경우에 수평선 $\Gamma$는 공집합이다.

## 생각하는 문제

**1.** 군 $\mathcal{G}$의 임의의 두 안정 부분군은 공통원으로 항등원만 갖는다. 두 원점대칭 점에서의 $\mathcal{R}$의 안정 부분군은 같다.

**2.** 거리함수(정리 1.17)의 유일성과 존재성에 관한 증명은 약간은 좀 더 일반적인 조건들로 확장될 수 있다. $\mathcal{D}$대신 복소공간상에서 $\mathcal{D}$의 위상학적인 상 $\tilde{\mathcal{D}}$로 가정해도 충분하다. 즉, $\mathcal{H}_0$이 $z_0$에서의 $\mathcal{G}$의 안정 부분군이면, $\mathfrak{T}(z_0) = 0$에서의 $\mathfrak{T}\mathcal{G}\mathfrak{T}^{-1}$의 안정 부분군 $\mathfrak{T}\mathcal{H}_0\mathfrak{T}^{-1}$은 0에 관한 평면의 모든 회전변환의 군이 되는 (꼭 $\mathcal{G}$의 원소는 아닌) 위상학적 변환 $\mathfrak{T}$의 존재를 가정한다. 그러면, $\mathcal{H}_0$ 안의 모든 $\mathfrak{H}_0$에 대해,

$$\mathfrak{T}\mathfrak{H}_0\mathfrak{T}^{-1}(z) = e^{i\alpha}z \qquad (\alpha : \text{실수})$$

가 성립한다. 그러므로 식 (1.39)의 양변에 $\mathfrak{T}$를 적용하면,

$$\mathfrak{T}[\mathfrak{H}_{w_2}(w_1)] = \mathfrak{T}\mathfrak{H}_0\mathfrak{T}^{-1}\mathfrak{T}\mathfrak{H}_{z_2}(z_1) = e^{i\alpha}\mathfrak{T}\mathfrak{H}_{z_2}(z_1) \tag{1.47}$$

을 얻는다. 따라서

$$f(z_1, z_2) = |\mathfrak{T}\mathfrak{H}_{z_2}(z_1)| \tag{1.48}$$

은 $\mathcal{D}$에서 작용하는 군의 두 점 불변(거리 함수)를 나타낸다. 식 (1.40)의 일반화 (1.48)은 다음 예제에서 유용하게 쓰일 것이다.

**3.** $\mathcal{G}$를 그것의 원소들이 완비 공간의 점 0을 지나는 모든 원의 포물형 다발안에서 반전사상의 짝수 개의 곱인 군이라 가정하자. 이 군 $\mathcal{G}$의 모든 원소는

$$w = \frac{z}{bz + e^{i\alpha}} \qquad (\alpha\ :\ \text{실수}) \tag{1.49}$$

의 형태로 나타나고, $\mathcal{G}$-기하학의 영역 $\mathcal{D}$는 0이 빠진 완비공간이다. 변환 (1.49)가 포물형이기 위한 필요충분조건은 $e^{i\alpha} = 1$인 것이다. $b = 0$이면 이

변환은 ($\mathcal{D}$의 점이 아닌) 원점에 관한 회전변환과 '$\infty$에 관한 회전변환'을 나타낸다. 따라서, 1.9.2절의 기호를 이용하여, $z_0 = \infty$와

$$\mathfrak{H}_{z_2} = \begin{pmatrix} 1 & 0 \\ -\dfrac{1}{z_2} & 1 \end{pmatrix}$$

을 택한다. 변환

$$z^* = \mathfrak{T}(z) = \frac{1}{z}$$

에 의해 $\infty$를 0으로 보낸다. 그러면

$$\mathfrak{T}\mathfrak{H}_{z_2}(z_1) = \frac{1}{z_1} - \frac{1}{z_2}$$

이고

$$f(z_1, z_2) = \left|\frac{1}{z_1} - \frac{1}{z_2}\right| \tag{1.50}$$

는 $\mathcal{G}$-거리 함수이다.

모든 $\mathcal{G}$-직선은 포물형 군의 궤도인 호로사이클로서 얻어진다. 이 호로사이클은 0을 지나는 통상적인 원이 됨을 알 수 있다. $\mathcal{G}$-기하학은 유클리드기하학과 근본적으로 동일하다.

**4.** 일반적인 거리함수 $f(z_1, z_2)$의 대칭성은 증명될 수 없다. 그러나, 정리 1.17에 의해 $f(z_1, z_2) = F[f(z_1, z_2)]$를 만족하는 함수 $F(r)$이 존재한다는 것을 안다. 그러므로, IV를 배제하고서도, $G(r) = r + F(r)$일 때, 분명히 대칭적 거리함수

$$g(z_1, z_2) = f(z_1, z_2) + f(z_2, z_1) = G[f(z_1, z_2)]$$

를 도입할 수 있다. 또한 $g(z_1, z_2)$가 음이 아니고, 0과 같을 필요충분조건은 $z_2 = z_1$인 것이다. $F[F(r)] = r$임을 유의하라.

**5.** 식 (1.19)와 (1.35)에서 도입된 거리함수 $d_\varepsilon(z_1, z_2)$ ($\varepsilon = -1,\ 1$)와 식 (1.44)의 함수 사이에서 관계식

$$d_\varepsilon(z_1, z_2) = 1 + \varepsilon f_\varepsilon(z_1, z_2)^2 \tag{1.51}$$

을 얻는다.

**6. $\mathcal{G}$-합동.** $\mathfrak{F}$를 평면 기하학적 도형(예를 들어, $\mathcal{G}$-삼각형으로서 $\mathcal{G}$-직선 또는 그러한 직선 위의 선분의 계, $\mathcal{G}$-원, $\mathcal{G}$-순환마디 등)이라 하자. $\mathcal{G}$-기하학은, $\mathfrak{F}$가 군 $\mathcal{G}$의 임의의 변환을 적용해도 변하지 않는, $\mathfrak{F}$의 성질의 연구이다. $\mathcal{D}$의 두 도형 $\mathfrak{F}_1, \mathfrak{F}_2$는 $\mathfrak{F}_1$을 $\mathfrak{F}_2$로 사상하는 (따라서 실제로 $\mathfrak{F}_1$에만 영향을 미치는 변환 후에 두 도형은 일치한다. 즉 $\mathfrak{F}_2$는 변환의 상평면에 속해 있어야 한다) 변환 $\mathfrak{T}$가 $\mathcal{G}$ 안에 존재한다면 이 두 도형은 군 $\mathcal{G}$에 관해 합동(또는 간단히 $\mathcal{G}$-합동)이라고 한다. 기호로는 $\mathfrak{F}_1 =_G \mathfrak{F}_2$ $(G \in \mathcal{G})$로 쓴다.

$\mathcal{G}$-합동의 이 개념은 일반적 군에 대해 가정된 기본적인 성질에 대응하는 일반적인 네 가지 성질을 가지고 있다.

1 $\mathcal{D}$의 두 도형 $\mathfrak{F}_1, \mathfrak{F}_2$는 $\mathcal{G}$-합동이거나 그렇지 않다. 다른 경우는 없다.
2 모든 도형 $\mathfrak{F}$는 자신과 $\mathcal{G}$-합동이다. 즉, $\mathfrak{F} =_G \mathfrak{F}$. 이는 $\mathcal{G}$가 항등변환 $\mathfrak{E}$를 포함하기 때문이다.
3 만일 $\mathfrak{F}_1 =_G \mathfrak{F}_2$이면, $\mathfrak{F}_2 =_G \mathfrak{F}_1$이다. 실제로 $\mathcal{G}$의 변환 $\mathfrak{T}$가 $\mathfrak{F}_1$을 $\mathfrak{F}_2$와 일치하게 변환시킨다면, (역시 $\mathcal{G}$의 원소인) 역변환 $\mathfrak{T}^{-1}$는 $\mathfrak{F}_2$를 $\mathfrak{F}_1$로 변환시켜 일치시킬 것이다.
4 $\mathfrak{F}_1 =_G \mathfrak{F}_2$이고 $\mathfrak{F}_2 =_G \mathfrak{F}_3$이면, $\mathfrak{F}_1 =_G \mathfrak{F}_3$이다. 가정에 의해 $\mathcal{G}$에는 $\mathfrak{F}_1$을 $\mathfrak{F}_2$의 위치로 이동시키는 변환 $\mathfrak{T}_1$과 $\mathfrak{F}_2$를 $\mathfrak{F}_3$으로 이동시키는 $\mathfrak{T}_2$가 존재하고, 따라서 (역시 $\mathcal{G}$의 원소인) 곱 $\mathfrak{T}_2\mathfrak{T}_1$은 $\mathfrak{F}_1$을 $\mathfrak{F}_3$으로 이동시켜 일치시킨다.

군의 곱에 대한 교환법칙과 $\mathcal{G}$-합동의 성질 사이에는, 변환들의 합성은 자동적으로 교환가능하기 때문에, 다른 점이 없음을 주목할 필요가 있다.

# 2. 구면 (또는 이중타원) 기하학

고전기하학에서는 구면은 유클리드 평면상의 원과 비슷하게 3차원 유클리드 공간상의 도형으로 관찰되었다. 그러나 원은 평면에 관련해서만 관심이 있다. 직선과 단위원 사이의 국소 등거리변환인 사상 $\vartheta \mapsto e^{i\vartheta}$가 성립하므로 원의 고유구조는 국소적으로 직선의 고유구조와 같다. 이에 반해 구면은 평면과 국소적으로 등거리변환을 만들지 못하고, 따라서 독립적 구조로서 관심이 있다. 구면은 이 고유구조로 인해 비유클리드기하학의 첫 번째 예가 된다. (실제로 구면에서는 유클리드의 평행선 공준이 성립되지 않는다. 그러한 조건을 만족하는 직선은 존재하지 않는다. 이것은 나중에 증명할 것이다.)

구 $\mathbb{S}^2$의 모든 고유성질은 주변공간인 $\mathbb{R}^3$로부터 상속된다. 예를 들어 $\mathbb{S}^2$의 등거리변환은 원점을 고정하는 $\mathbb{R}^3$의 등거리변환임이 판명된다. 따라서 구 $\mathbb{S}^2$의 비유클리드기하학은 실제로 $\mathbb{R}^3$의 유클리드기하학에 의해 서술될 수 있다.

## 2.1 $\mathbb{E}^3$로부터의 예비지식

물론 $\mathbb{E}^2$의 기하학과 유사한 3차원 유클리드기하학이 있는데 그 자체로써 연구의 가치가 있다. 그러나 여기서는 2차원 기하학에 제한하겠다. 이 기하학들의 일부는 $\mathbb{E}^3$의 부분집합으로 생각하는 것이 계산하는 데 편리하다. 따라서 $\mathbb{E}^3$의 기하학에 관한 몇 가지 사실을 살펴볼 것이다. $n = 3$으로 놓으면, 우리가 원하는 $\mathbb{E}^3$에 대한 벡터합, 스칼라곱, 내적, 길이함수 등을 얻는다. 따라서 특별한 언급이 없으면 이 절의 모든 점과 벡터는 $\mathbb{E}^3$에서 주어진다. 이에 관련된 기타

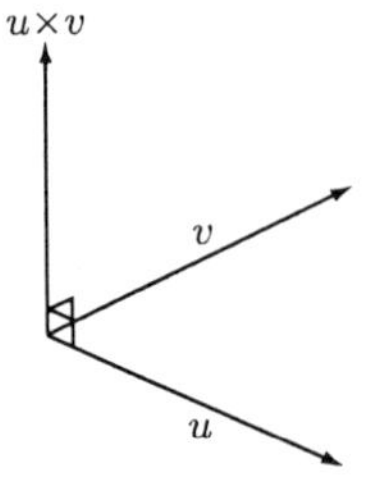


그림 2.1 외적 $u \times v$

성질은 물론 피타고라스 정리도 성립한다. 그러나 $v^{\perp}$의 정의는 $\mathbb{E}^2$에서와는 약간 다르다. 대신 다음의 외적을 갖게 된다.

**2.1.1 외적.** 주어진 두 벡터에 수직인 벡터를 구하는 문제는 다음과 같이 풀 수 있다.

**[정의 2.1]** $u = (u_1, u_2, u_3)$와 $v = (v_1, v_2, v_3)$를 $\mathbb{R}^3$의 벡터라 하고, $\{\varepsilon_1, \varepsilon_2, \varepsilon_3\}$을 $\mathbb{R}^3$의 표준기저벡터라 하자. 그러면 외적 $u \times v$는

$$u \times v = \det \begin{pmatrix} \varepsilon_1 & \varepsilon_2 & \varepsilon_3 \\ u_1 & u_2 & u_3 \\ v_1 & v_2 & v_3 \end{pmatrix}$$

로 주어지는 벡터이다(그림2.1).

**[정리 2.1]** i. $u \times v$는 잘 정의되었다.

ii. $\langle u \times v, u \rangle = \langle u \times v, v \rangle = 0$. (그림 2.1을 보라.)

iii. $u \times v = -v \times u$.

iv. $\langle u \times v, w \rangle = \langle u, v \times w \rangle$.

v. $(u \times v) \times w = \langle u, w \rangle v - \langle v, w \rangle u$.

**증명** 함수 det는 기저의 선택에 상관없이 잘 정의되었다. 따라서 $u \times v$도 $u, v$의 표현에 관계없이 잘 정의된다. 항등식 (ii) – (iv)는 행렬식의 성질들로부

터 쉽게 유도될 수 있다. 한편, (벡터의 **삼중적**으로 불리는) (v)는 약간 복잡한 데 자세한 계산은 선형성을 살펴보는 것으로 피할 수 있다. 먼저

$$\varepsilon_1 \times \varepsilon_2 = \varepsilon_3, \quad \varepsilon_2 \times \varepsilon_3 = \varepsilon_1 \ \text{ 이고 } \ \varepsilon_3 \times \varepsilon_1 = \varepsilon_2$$

임을 관찰하라. 따라서

$$\begin{aligned}(\varepsilon_1 \times \varepsilon_2) \times \varepsilon_3 &= 0 = \langle \varepsilon_1, \varepsilon_3 \rangle \varepsilon_2 - \langle \varepsilon_2, \varepsilon_3 \rangle \varepsilon_1,\\ (\varepsilon_2 \times \varepsilon_3) \times \varepsilon_3 &= -\varepsilon_2 = \langle \varepsilon_2, \varepsilon_3 \rangle \varepsilon_3 - \langle \varepsilon_3, \varepsilon_3 \rangle \varepsilon_2,\\ (\varepsilon_3 \times \varepsilon_1) \times \varepsilon_3 &= \varepsilon_1 = \langle \varepsilon_3, \varepsilon_3 \rangle \varepsilon_1 - \langle \varepsilon_1, \varepsilon_3 \rangle \varepsilon_3\end{aligned}$$

를 얻는다. 선형성에 의해,

$$(u \times v) \times \varepsilon_3 = \langle u, \varepsilon_3 \rangle v - \langle v, \varepsilon_3 \rangle u$$

를 얻게 된다. 대칭성에 의해 $\varepsilon_3$가 $\varepsilon_1$이나 $\varepsilon_2$로 대체되더라도 유사한 등식이 성립한다. 마지막으로 선형성에 의해

$$(u \times v) \times w = \langle u, w \rangle v - \langle v, w \rangle u$$

가 된다. □

**[따름정리 2.1]** i. $u \times v = 0$이기 위한 필요충분조건은 $u$와 $v$가 비례적인 것이다.

ii. $u \times v \neq 0$라면, $\{u, v, u \times v\}$는 $\mathbb{R}^3$에 대한 기저이다.

iii. $\langle u \times v, w \times z \rangle = \langle u, w \rangle \langle v, z \rangle - \langle v, w \rangle \langle u, z \rangle$.

iv. $|u \times v|^2 = |u|^2 |v|^2 - \langle u, v \rangle^2$.

(iv)는 라그랑주(Lagrange) 항등식인데, 코시-슈바르츠 부등식의 다른 증명을 유도한다.

**증명** (i), (iii)과 (iv)는 정리의 결과로부터 쉽게 유도된다. (ii)에 대해서는 문제에 있는 벡터의 집합이 일차독립이라는 것을 보일 것이다. 그러면 선형대수학으로부터의 일반적 결과들이 적용될 수 있다. 이제

$$\lambda u + \mu v + \nu(u \times v) = 0$$

을 만족하는 수 $\lambda, \mu, \nu$가 존재한다면, $u \times v$와의 내적을 취하여

$$\nu|u \times v|^2 = 0$$

을 얻고, 따라서 $\nu = 0$이다. 더욱이, 각각의 $v, u$와 외적을 취하면

$$\lambda(u \times v) = 0, \quad \mu(v \times u) = 0$$

을 얻고, 따라서 $\lambda = \mu = 0$이다. □

**2.1.2 평면.** 평면은 다음 성질을 만족하는 $\mathbb{E}^3$의 점의 집합 $\Pi$이다.

i. $\Pi$는 임의의 직선에 포함되어 있지 않다.

ii. $\mathbb{E}^3$의 모든 점이 $\Pi$에 있지 않다.

iii. $\Pi$의 임의의 두 점을 연결하는 직선은 $\Pi$에 놓여 있다.

**[정리 2.2]** i. $v$와 $w$가 비례적이 아니고, $P$가 임의의 점이라면 $P+[v,w]$는 평면이다. 즉, $\{v,w\}$에 의해 생성된 $P$를 지나는 평면이라 말한다. 여기서 $[v,w] = \{tv + sw \mid t, s \in \mathbb{R}\}$는 $\{v,w\}$에 의해 생성된 벡터공간을 말한다.

ii. $P, Q$와 $R$이 공선점이 아닌 점이라면, 이 점들을 포함하는 유일한 평면 $\Pi$가 존재한다. 이 경우에는 평면 $PQR$이라 한다.

iii. $N$이 단위벡터이고 $P$가 $\mathbb{E}^3$의 점이면 $\{X \mid \langle X - P, N \rangle = 0\}$은 평면이다. 이것은 법선 벡터가 $N$인 $P$를 지나는 평면이다. 그림 2.2를 보라.

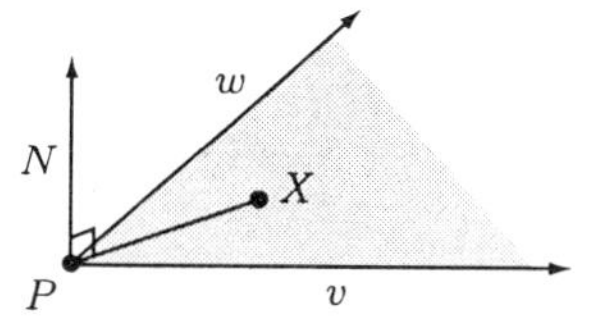


그림 2.2 법선벡터가 $N$인 $P$를 지나는 직선

**증명**

i. $\alpha = P + [v, w]$가 (i)에 서술된 집합이라 하자. $\alpha$가 평면임을 보이자. 먼저, $Q = P + v$이고 $R = P + w$라 놓자. 그러면 $Q - P$와 $R - P$가 비례적이 아니므로 점 $P, Q$와 $R$은 공선점이 아니고 $\alpha$는 어떤 직선에도 포함되지 않는다. 둘째로 $X = P + v \times w$라면, $\{v, w, v \times w\}$가 일차독립 집합이므로 $X \notin \alpha$임을 알 수 있다. 따라서 $\mathbb{E}^3$의 모든 점이 $\alpha$에 있는 것은 아니다. 세 번째로,

$$X = P + x_1 v + x_2 w, \quad Y = P + y_1 v + y_2 w$$

를 $\alpha$의 점이라 놓고, $t$를 임의의 실수라 하자. 그러면

$$(1-t)X + tY = P + ((1-t)x_1 + ty_1)v + ((1-t)x_2 + ty_2)w$$

가 된다. 이것은 $\overleftrightarrow{XY}$의 일반적인 점을 $\alpha$의 원소로 나타내고, $\alpha$가 평면이라는 사실을 말한다.

ii. $P, Q$와 $R$을 공선점이 아닌 점이라 하자. $v = Q - P$이고 $w = R - P$라 놓자. 그러면 (i)에 의해 $P + [v, w]$는 $P, Q$와 $R$을 포함하는 평면이다. 이제 이 평면이 유일함을 보인다. $\tilde{\Pi}$를 $P, Q$와 $R$을 포함하는 임의의 평면이라 하자. 그러면

$$\begin{aligned} P + \lambda v + \mu w &= P + \lambda(Q - P) + \mu(R - P) \\ &= (1 - \lambda - \mu)P + \lambda Q + \mu R \\ &= (1 - \lambda - \mu)P + (\lambda + \mu)\left(\frac{\lambda}{\lambda + \mu}Q + \frac{\mu}{\lambda + \mu}R\right) \end{aligned}$$

이 된다. 이것은

$$X = \frac{\lambda}{\lambda+\mu}Q + \frac{\mu}{\lambda+\mu}R$$

이 $\overleftrightarrow{QR}$ 위의 점일 때, $P + [v, w]$의 임의의 점을 직선 $\overleftrightarrow{PX}$의 점으로서 나타낸다. 그러나 $\tilde{\Pi}$가 $P + [v, w]$에 있지 않은 점 $S$를 포함한다면 $\{S - P, v, w\}$는 일차독립인 집합이다. $Z$가 $\mathbb{E}^3$의 임의의 점이라면 적당한 $\lambda, \mu, \nu$에 대해,

$$Z - P = \lambda v + \mu w + \nu(S - P).$$

가 된다.

$$Z = \nu S + (1-\nu)\left(P + \frac{\lambda}{1-\lambda}v + \frac{\mu}{1-\nu}w\right)$$

가 성립함을 보일 수 있는데, 이것은 $\mathbb{E}^3$의 모든 점이 $S$에서 $\tilde{\Pi}$의 점을 연결하는 직선 위에 있다는 것을 보인다. 이것은 $\tilde{\Pi}$가 $\mathbb{E}^3$의 모든 점을 포함하지 않으므로 불가능하다. 따라서 $\tilde{\Pi} = P + [v, w]$이고, $P, Q, R$을 포함하는 평면은 유일하다고 말할 수 있다.

iii. 마지막으로 평면의 특성화 (i)과 (ii)를 관련시켜 보자. 단위법선 $N$이 주어져 있다고 가정하자. 그러면 $v$와 $w$를 $\{N, v, w\}$가 정규직교기저가 되도록 선택할 수 있다. 임의의 $X \in \mathbb{E}^3$에 대해

$$X - P = \langle X - P, N\rangle N + \langle X - P, v\rangle v + \langle X - P, w\rangle w$$

라 쓸 수 있는데, 이것은 $X - P$가 $[v, w]$에 놓여 있기 위한 필요충분조건은 $\langle X - P, N\rangle = 0$인 것임을 보인다. 따라서, $\{X \mid \langle X - P, N\rangle = 0\}$은 평면이다.

□

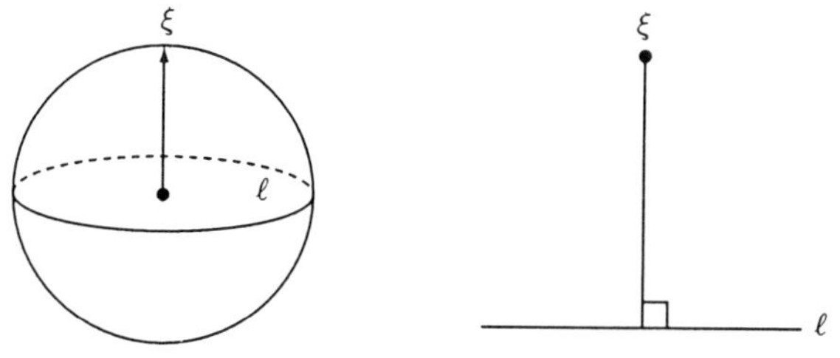

그림 2.3 점 $\xi$와 그것의 극직선 $\ell$의 두 관점

## 2.2 결합기하학과 삼각부등식

**2.2.1 구의 결합기하학.** 우리가 기하학을 다루게 될 구 $\mathbb{S}^2$는

$$\mathbb{S}^2 = \{x \in \mathbb{E}^3 \mid |x| = 1\}$$

로 주어진다. 만약 $\mathbb{S}^2$의 한 점에서 시작하여 그 곡면 위를 똑바르게 진행한다면 대원을 그리게 된다. $\mathbb{E}^3$에 있는 집합으로 보았을 때 이것은 $\mathbb{S}^2$와 원점을 지나는 평면과의 공통부분이다. 그러나 $\mathbb{S}^2$ 위의 벌레의 입장에서는 이 대원을 직선이라 부르는 것이 더 합당하다. 이것이 다음 정의에 대한 동기이다.

**[정의 2.2]** $\xi$를 단위벡터라 하자. 그러면

$$\ell = \{x \in \mathbb{S}^2 \mid \langle \xi, x \rangle = 0\}$$

을 극 $\xi$를 가진 직선이라 부른다. 또한 이 $\ell$을 $\xi$의 극직선이라 부른다.

**참고** 구면기하학은 비유클리드기하학이다. 이것은 도형을 도표에 의해서 표현할 때마다 변형이 피할 수 없다는 것을 의미한다. 하나의 관점, 즉 직선의 곧음성을 충실하게 표현하는 도표들은 다른 관점, 즉 길이나 각들을 변형시킬 것이다. 그림 2.3은 점과 그것의 극직선에 대한 두 가지의 사고를 보여 준다.

$\mathbb{S}^2$ 위의 두 개의 점 $P$와 $Q$가 $P = -Q$가 된다면 원점에 대칭이라고 한다. $\mathbb{S}^2$의 직선들은 평행이 될 수 없고, 두 직선은 원점에 대칭인 점의 쌍에서 만난다. 또한 원점에 대칭인 두 점은 유일한 직선을 결정하지 못한다. 즉, $\mathbb{S}^2$는 유클리드 공준 I을 만족하지 않는다. 다음의 사실에 대한 증명은 독자에게 맡긴다.

**[정리 2.3]** i. $\xi$가 $\ell$의 극이라면, 그것의 원점 대칭벡터 $-\xi$도 그렇다.

ii. $P$가 $\ell$ 위에 있다면, 그것의 원점 대칭점 $-P$도 그렇다.

그러나, 한번 이 사실들이 주지되면 더 이상의 변칙적인 것은 없고, 유클리드의 결과들과 유사한 다음과 같은 결과를 얻는다.

**[정리 2.4]** $P$와 $Q$를 서로 원점 대칭이 아닌 $\mathbb{S}^2$의 점이라 하자. 그러면 $P$와 $Q$를 포함하는 유일한 직선 $\overleftrightarrow{PQ}$가 존재한다.

**증명** $\overleftrightarrow{PQ}$에 대한 후보를 결정하기 위하여 극 $\xi$가 필요하다. 이것은 $P$와 $Q$에 모두 수직인 단위 벡터이어야만 한다. $P$와 $Q$가 원점에 대칭이 아니므로 $\xi$를 $\dfrac{P \times Q}{|P \times Q|}$와 같게 선택할 수 있다. 분명히 극이 $\xi$인 직선은 $P$와 $Q$를 통과한다.

이제 유일성을 생각하자. 만약 $\eta$가 $P$와 $Q$를 지나는 임의의 직선의 극이라면,

$$\langle \eta, P \rangle = \langle \eta, Q \rangle = 0$$

이 성립해야만 한다. 따라서 정리 2.1에 있는 세 짝곱에 의해

$$\eta \times (P \times Q) = 0$$

이고, 따라서 $\eta$는 0이 아닌 벡터 $P \times Q$의 배수이다. $|\eta| = 1$이므로 $\eta = \pm\xi$이어야만 한다. 그러므로 $\overleftrightarrow{PQ}$는 유일하게 결정된다. □

**[정리 2.5]** $\ell$과 $m$을 $\mathbb{S}^2$의 서로 다른 직선이라 하자. 그러면 $\ell$과 $m$은 정확히 두 개의 교점을 갖고 이 교점들은 원점에 대칭이다. (그림 2.4를 보라.)

**증명** $\xi$와 $\eta$를 각각 $\ell$과 $m$의 극이라 하자. $\ell$과 $m$이 서로 다르므로 $\xi \neq \pm\eta$이고, 따라서 $\xi \times \eta \neq 0$이다. 그러나 분명히 두 점 $\pm\dfrac{\xi \times \eta}{|\xi \times \eta|}$ 모두는 공통부분에 놓여 있다. 하지만, 임의의 세 번째 점은 앞의 정리의 유일성 부분에 의해 기껏해야 $\ell$과 $m$의 하나에만 놓일 수 있다. □

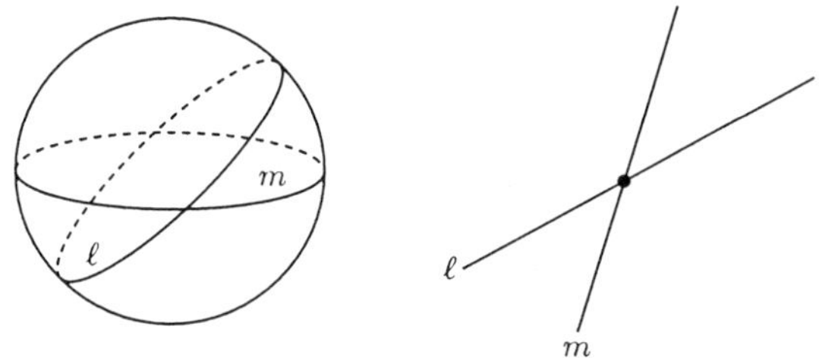


그림 2.4 두 개의 교차하는 직선 $\ell$과 $m$의 두 형태

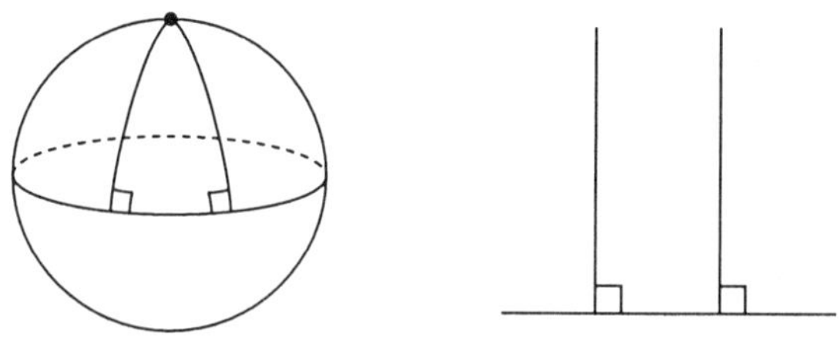

그림 2.5 공통수선을 갖는 직선들조차 평행하지 않은 두 경우

**[따름정리 2.2]** $\mathbb{S}^2$의 어느 두 직선도 평행할 수 없다. 즉, $\mathbb{S}^2$에서는 유클리드 평행공준이 성립하지 않는다.

**참고** 공통수선을 갖는 직선들조차 교차하게 된다. (그림 2.5를 보라.)

**2.2.2 거리와 삼각부등식.** $\mathbb{S}^2$의 두 점 $P$와 $Q$ 사이의 (직선)거리 $d_s(P,Q)$는

$$d_s(P,Q) = \cos^{-1}\langle P,Q\rangle \tag{2.1}$$

로 정의된다. 이 거리함수는 뫼비우스 변환 (2.7) 하에서 불변이다. (증명은 여러분에게 맡긴다. 생각할 문제(50)에서 이 정의를 적분을 이용해 표현한 것을 볼 수 있다. 이 두 표현이 동치임을 보여보는 것은 좋을 것이다.) 이 정의는 호 $PQ$(즉, $P,Q$를 지나는 대원 —여기서는 직선— 의 일부)에 의해 구의 중심에 대하는 각의 측도는 호의 길이와 수치적으로 같아야 한다는 사실을 반영한다. 그림 2.6을 보라.

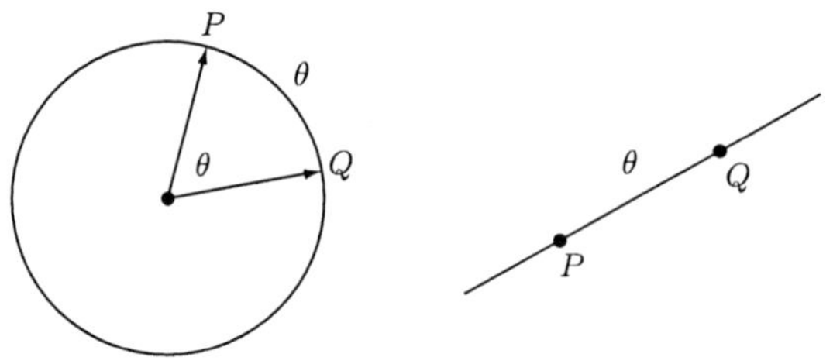


그림 2.6 구면 기하학에서의 거리의 두 경우

**[정리 2.6]** $P, Q$와 $R$이 $\mathbb{S}^2$의 점이라면,

i. $d_s(P,Q) \geq 0$.

ii. $d_s(P,Q) = 0 \iff P = Q$.

iii. $d_s(P,Q) = d_s(Q,P)$.

iv. $d_s(P,Q) + d_s(Q,R) \geq d_s(P,R)$ (삼각부등식).

**증명** 성질 (i)-(iii)은 코시-슈바르츠 부등식과 $\cos^{-1}$ 함수로부터 나온다. 이제 우리의 관심을 삼각부등식에 집중하겠다. $r = d_s(P,Q), p = d_s(Q,R)$이고 $q = d_s(P,R)$이라 하자. 코시-슈바르츠 부등식에 의해

$$\langle P \times R, Q \times R\rangle^2 \leq |P \times R|^2 |Q \times R|^2$$

을 얻는다. 따름정리 2.1을 적용하면 왼쪽변은

$$(\langle P,Q\rangle\langle R,R\rangle - \langle P,R\rangle\langle R,Q\rangle)^2 = (\cos r - \cos q\ \cos p)^2$$

이 되고, 오른변은

$$\begin{aligned}(1 - \langle P,R\rangle^2)(1 - \langle Q,R\rangle^2) &= (1 - \cos^2 q)(1 - \cos^2 p) \\ &= \sin^2 q \sin^2 p.\end{aligned}$$

가 된다. 따라서,

$$\cos r - \cos q \cos p \leq \sin q \sin p$$

이고, 그러므로

$$\cos r \le \cos(q-p)$$

가 된다. 코사인 함수가 $[0,\pi]$에서 감소하므로 $r \ge q-p$이고, 그러므로 $0 \le q-p \le \pi$이기만 하면 $r+p \ge q$이다. 그러나 $q-p<0$이면, 어느 경우이든 $q<p\le r+p$이다. 더욱이, $q-p>\pi$는 불가능하다. 따라서 원하는 대로

$$d_s(P,Q)+d_s(Q,R) \ge d_s(P,R)$$

을 얻게 된다. □

**[따름정리 2.3]** (iv)에서 등식이 성립하면 $P, Q$와 $R$은 공선점이다.

**증명** (iv)의 증명에서, $r=q-p$는 코시-슈바르츠 부등식이 등식임을 유도한다. 따라서 $P\times R$과 $Q\times R$은 비례적이다. $P\times R\ne 0$이라 가정하면 (그렇지 않으면 $P, Q$와 $R$은 자동적으로 공선점이다.), 직선 $\overleftrightarrow{PR}$의 극은 $P\times R$과 비례적이고, 따라서 $Q\times R$과 비례적이다. 이것은 $Q$가 $\overleftrightarrow{PR}$ 위에 놓여 있음을 보여준다. □

**참고** $\mathbb{E}^2$의 경우에 $Q$는 $P$와 $R$의 사이에 있다는 결론을 얻는다. 구면기하학에서는 만약 정확한 정의를 만든다면 비슷한 결과가 성립됨을 보일 것이다. (이 장의 정리 2.10을 보라.)

## 2.3 직선과 각

**2.3.1 직선의 매개변수표현.** $\mathbb{E}^2$에서와 꼭 같이 직선을 매개변수형태로 표현하는 것이 종종 편리하다. $\ell$이 극 $\xi$를 가진 직선이라 가정하자. $P$와 $Q$가 $\{\xi, P, Q\}$가 정규직교기저가 되도록 선택되었다 하고, 다음과 같은 식을 생각하자.

$$\alpha(t)=(\cos t)P+(\sin t)Q \tag{2.2}$$

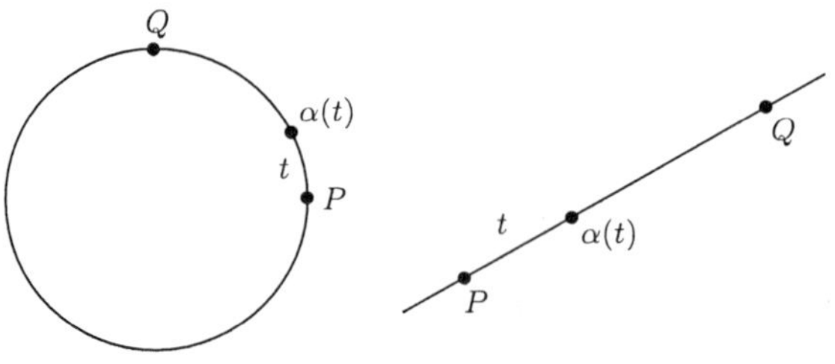


그림 2.7 직선의 매개변수화

**[정리 2.7]** i. $\ell = \{\alpha(t) \mid t \in \mathbb{R}\}$.

ii. $\ell$의 임의의 점은 $t$가 반열린구간 $[0, 2\pi)$를 움직일 때에 $\alpha(t)$의 값으로서 정확히 한번 나타난다.

iii. 만약 $0 \leq |t_1 - t_2| \leq \pi$이면, $d_s(\alpha(t_1), \alpha(t_2)) = |t_1 - t_2|$이다.

이것은 근본적으로 $\alpha$가 직선 $\ell$의 **단위속도 매개변수화**라는 것을 말한다. 그림 2.7을 보아라. 함수 $\alpha$를 $\ell$의 **표준매개변수화**라고 부른다. 각각의 직선은 많은 표준 매개변수화를 갖는다. $P$는 $\ell$ 위의 임의의 점이 될 수 있고, 주어진 $P$에 대해 $Q$의 두 개의 선택이 존재한다.

**2.3.2 직교 직선들.** 이제 두 직선의 직교성에 대해 알아보자.

**[정의 2.3]** 두 직선은 극이 직교하면 **직교한다**고 한다.

유클리드 평면에서 평행 직선들의 속은 공통 수선을 갖는 직선들의 속으로서 생각할 수 있다는 것을 상기하라. 구면의 경우에 있어서 다음 상황을 맞이하게 된다. 증명은 연습문제로 남긴다.

**[정리 2.8]** $\ell$과 $m$을 $\mathbb{S}^2$의 서로 다른 직선이라 하자. 그러면 $\ell \perp n$이고 $m \perp n$이 되는 유일한 직선 $n$이 존재한다. $\ell$과 $m$의 교점은 $n$의 극이다.

**[정리 2.9]** $\ell$을 $\mathbb{S}^2$의 직선이라 하고, $P$를 점이라 하자. $P$가 $\ell$의 극이 아니라면 $P$를 지나 $\ell$에 수직인 유일한 직선 $m$이 존재한다.

**참고**

i. $P$가 $\ell$의 극이라면, $P$를 지나는 모든 직선은 $\ell$과 수직이다.

ii. 정리 2.9는 $\mathbb{E}^2$에서와 마찬가지로 $\ell$ 위에 있지 않은 점 $P$로부터 직선 $\ell$에 수선을 내릴 수 있음을 보여 준다. $\mathbb{E}^2$에서는 수선의 발은 $P$에서 가장 가까운 $\ell$ 위의 점이다. 구면 기하학에서는 수선 $m$은 $\ell$과 두 번 만난다. 교점은 $P$에서 가장 가깝고 또 가장 멀리 떨어진 $\ell$의 점들이다. 그러나, 이것의 증명은 선분, 각, 삼각형들에 대해 더 많은 내용과 기술을 배운 후 스스로 생각해 보기 바란다.

**2.3.3 선분.** 구면기하학에서는 사이의 개념은 모호하다. 주어진 임의의 세 개의 공선점에서 어느 하나가 다른 두 개의 사이에 있다고 생각할 수는 있다. 반면, 직선 $\ell$ 위의 두 점의 선택은 $\mathbb{E}^2$에서 선분이 그랬던 것과 거의 흡사한 두 개의 부분집합으로 $\ell$을 분해하는 것을 유도한다. 식 (2.2)를 이용하면, 적당한 실수 $t_1 < t_2$가 $t_2 - t_1 < 2\pi$를 만족하고 $\alpha(t_1) = P, \alpha(t_2) = Q$일 때, 집합

$$\mathfrak{s} = \{\alpha(t) \,|\, t_1 \leq t \leq t_2\}$$

를 **선분**이라 한다. $t_2 - t_1$을 선분의 **길**이라 부르고, $\alpha(t_1) = P$와 $\alpha(t_2) = Q$를 $\mathfrak{s}$의 **끝점**이라 한다. $\mathfrak{s}$의 다른 모든 점은 $\mathfrak{s}$의 **내부점**이라 한다.

**참고** 선분의 모든 점은 공선점이다. 각각의 선분은 유일한 직선을 결정한다. 반면, 선분은 자료 $P, Q, t_1, t_2$를 유일하게 결정하지 않는다.

$P$와 $Q$를 원점대칭이 아닌 점이라 하자. 그러면 $P$와 $Q$를 끝점으로 갖는 정확히 두 개의 선분이 존재한다. 이 선분 중에서 더 긴 것을 **큰쪽 선분** $PQ$라 부르고, 더 작은 것을 **작은쪽 선분** $PQ$라 부른다. 두 선분은 서로의 **보충**이라 말하고 **보선분**으로 생각할 수 있다. 그림 2.8을 보라.

**[정의 2.4]** $P$와 $Q$가 원점 대칭인 점이라면, $P$와 $Q$를 끝점으로 가지는 (무한히 많은) 선분의 각각은 **반직선**이라 부른다.

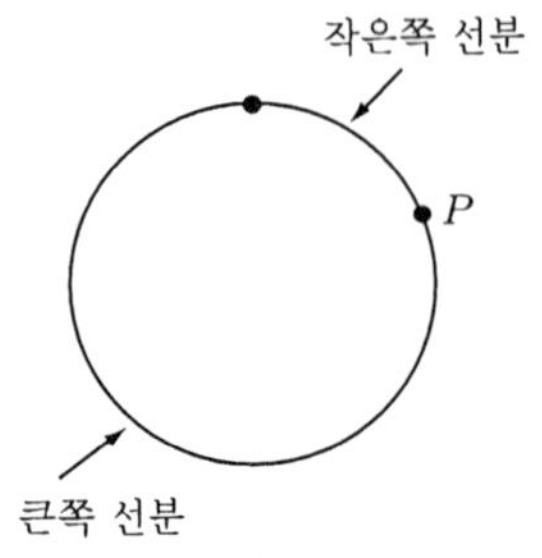


그림 2.8 보선분

**참고** 작은쪽 선분 $PQ$의 길이는 $d_s(P,Q)$이다. 큰쪽 선분 $PQ$의 길이는 $2\pi - d_s(P,Q)$ 이다. 반직선의 길이는 $\pi$이다.

**참고** 구면기하학에서 그것이 큰쪽 선분인가 작은쪽 선분인가를 구별하지 않고 선분 $PQ$를 논하는 것은 전체적인 논의를 모호하게 만든다.

**[정리 2.10]** $P, Q$와 $X$를 $\mathbb{S}^2$의 서로 다른 점이라 하자. $P$와 $Q$가 원점대칭이 아니라면 점 $X$가 작은쪽 선분 $PQ$에 놓여 있을 필요충분조건은

$$d_s(P,X) + d_s(X,Q) = d_s(P,Q) \tag{2.3}$$

인 것이다.

**증명** $L = d_s(P,Q)$일 때, $P$에 수직인 $\tilde{P}$를 질문에 있는 선분이 집합

$$\{(\cos t)P + (\sin t)\tilde{P} \mid 0 \le t \le L\}$$

이 되도록 잡는다. 먼저 $X$가 선분 위에 있다고 가정하자. 그러면 $\varphi \in (0, L)$일 때

$$X = (\cos\varphi)P + (\sin\varphi)\tilde{P} \tag{2.4}$$

라 쓸 수 있다.

$$d_s(P,X) = \cos^{-1}\cos\varphi = \varphi$$

와

$$d_s(X,Q) = \cos^{-1}\cos(L-\varphi) = L - \varphi$$

를 얻음으로 식 (2.3)이 성립함을 알 수 있다.

역으로, 식 (2.3)이 성립한다고 가정하자. 그러면 따름정리 2.3에 의해 $X$는 $\overleftrightarrow{PQ}$ 위에 있고, 따라서 식 (2.4)는 유일한 수 $\varphi \in (0, 2\pi)$에 대해 성립한다. $L < \varphi < 2\pi$는 식 (2.3)에 모순임을 보일 수 있다(생각하는 문제 30). 다른 경우, $0 < \varphi < L$은 따라서 반드시 성립해야 하고, $X$는 작은쪽 선분 $\overleftrightarrow{PQ}$ 위에 놓여 있어야 한다. □

**참고** $P$와 $Q$가 원점대칭인 점이라면, 항등식 (2.3)은 자동적으로 $\mathbb{S}^2$ 위의 모든 $X$에 대해 성립한다.

**2.3.4 사선, 각.** 구면기하학에서는 사선을 하나의 끝점이 제거된 반직선으로 정의한다. 다른 한 끝점을 사선의 원점이라 부른다.

$PQ$를

$$\{(\cos t)P + (\sin t)\tilde{P} \mid 0 \le t \le L\}$$

에 의해 표준방식으로 표현된 길이 $L$의 작은쪽 선분이라 가정하자. 그러면

$$\overrightarrow{PQ} = \{(\cos t)P + (\sin t)\tilde{P} \mid 0 \le t < \pi\}$$

는 원점이 $P$인 $Q$를 지나는 사선이다.

$\mathbb{E}^2$에서 한 것과 똑같이 각을 정의할 수 있다. 특히 두 직선(대원) 사이의 각은 그것들을 포함하는 평면 사이의 각이고 이는 또한 그들의 교점에서의 두 직선 사이의 접선 사이의 각이다. 이 경우 (점의 집합으로서) 평각은 한 점이 제거된 직선이다.

**[정의 2.5]** $\angle PQR$을 각이라 하자. 점 $X$는, 작은쪽 선분 $XP$가 $\overleftrightarrow{QR}$과 만나지 않고, 작은쪽 선분 $XR$이 $\overleftrightarrow{QP}$와 만나지 않는다면 각의 내부에 있다.

각의 내부에 있는 점의 집합을 **활꼴**이라 한다. 서로 다른 직선의 쌍은 $\mathbb{S}^2$를 네 개의 활꼴 모양으로 나눈다.

**참고** 각각의 직선 $\ell$은 $\mathbb{S}^2$를 두 개의 반평면으로 나눈다. 반평면은 정의에서 사용된 선분이 작은쪽 선분이라는 것만 제외하고는 $\mathbb{E}^2$에서와 같이 정의될 수

있다. 활꼴 모양은 두 개의 반평면의 공통부분이다. 이 생각은 생각하는 문제 32에서 더 전개된다.

사선은 더 이상 방향벡터를 갖지 않으므로 각의 래디안 측도를 정의하는 다른 방법을 찾아야 한다. 잠깐동안 $\mathbb{E}^3$에서 생각하면, 두 개의 직선의 극들은 이 직선들의 단위법선임을 안다. 따라서, 직선 사이의 각은 이 단위 법선 사이의 각에 대응한다.

그러나 두 직선이 만나면, 네 개의 각을 결정한다. 각의 래디안 측도를 계산할 때 어떻게 옳은 부호를 택하는가는 직관적으로 분명하지 않다. 정확한 정의는 다음과 같다.

**[정의 2.6]** 각 $\angle PQR$의 래디안 측도는

$$\cos^{-1}\left\langle \frac{Q\times P}{|Q\times P|}, \frac{Q\times R}{|Q\times R|}\right\rangle$$

이다.

## 2.4 변환

**2.4.1 $\mathbb{S}^2$의 합동변환.** $\mathbb{S}^2$ 위의 여러 가지 합동변환을 살펴보자.

**[정의 2.7]** 임의의 직선 $\ell$에 대해, $\ell$에 관한 반사변환은 $\xi$가 $\ell$의 극일 때

$$\Omega_\ell X = X - 2\langle X, \xi\rangle \xi$$

로 주어진 사상이다.

$\Omega_\ell X$가 실제로 $\mathbb{S}^2$의 점이라고 하는 것은 분명하지 않다. 이것과 다른 어려움을 살펴 보기 위해 $\Omega_\ell$에 대한 식으로 정의된 $\mathbb{R}^3$의 변환을 조사한다.

**[정리 2.11]** $\langle \xi, \xi\rangle = 1$이라 하고, $T:\mathbb{R}^3 \to \mathbb{R}^3$를

$$Tx = x - 2\langle x, \xi\rangle \xi$$

로 정의하자. 그러면

i. $T$는 선형변환이다.

ii. 모든 $x, y \in \mathbb{R}^3$에 대해, $\langle Tx, Ty\rangle = \langle x, y\rangle$이다.

**증명** $T$의 선형성은 내적의 선형성을 이용하면 쉽게 증명할 수 있다(생각하는 문제 10). (ii)는 다음과 같이 보인다.

$$\begin{aligned}\langle Tx, Ty\rangle &= \langle x - 2\langle x,\xi\rangle\xi, y - 2\langle y,\xi\rangle\xi\rangle \\ &= \langle x, y\rangle - 2\langle x,\xi\rangle\langle\xi, y\rangle - 2\langle x,\xi\rangle\langle y,\xi\rangle + 4\langle x,\xi\rangle\langle y,\xi\rangle\langle\xi,\xi\rangle \\ &= \langle x, y\rangle\end{aligned}$$

□

**참고**

i. 정리 2.11에서 (i)과 (ii)를 만족하는 사상 $T : \mathbb{R}^3 \to \mathbb{R}^3$는 직교사상이라고 한다. 이 절의 후반부에서 그러한 사상에 대해 일반적으로 공부하겠다.

ii. 성질 (ii)는 $|x| = 1$이면 $|Tx| = 1$임을 말한다. 따라서, $\Omega_\ell X$는 $X$가 $\mathbb{S}^2$의 점이기만 하면 $\mathbb{S}^2$ 위에 있다. 다음은 반사변환의 기본적 성질인데 이는 앞서의 결과들과 대수에 의해 쉽게 얻을 수 있다.

**[정리 2.12]** i. $\mathbb{S}^2$에 있는 모든 점 $X, Y$에 대해 $d_s(\Omega_\ell X, \Omega_\ell Y) = d_s(X, Y)$이다.

ii. $\mathbb{S}^2$의 모든 점 $X$에 대해 $\Omega_\ell\Omega_\ell X = X$이다.

iii. $\Omega_\ell : \mathbb{S}^2 \to \mathbb{S}^2$는 전단사 사상이다.

**[정리 2.13]** $\Omega_\ell X = X$일 필요충분조건은 $X \in \ell$인 것이다.

이제 두 개의 반사변환의 곱을 조사하자. $\ell$과 $m$을 각각 극 $\xi$와 $\eta$를 가진 직선이라 하자. $P$가 $\ell$과 $m$의 교점 중의 하나라고 하자. $e_3 = P$로 놓고 정규직교기저 $\{e_1, e_2, e_3\}$를 선택한다. 그러면 $\xi$와 $\eta$는 $\{e_1, e_2\}$에 의해 생성되는 단위 벡터들이다. $\vartheta$와 $\varphi$를

$$\xi = (-\sin\vartheta)e_1 + (\cos\vartheta)e_2, \quad \eta = (-\sin\varphi)e_1 + (\cos\varphi)e_2$$

를 만족하도록 잡을 수 있다. 통상적인 계산에 의하면

$$\begin{aligned} \Omega_\ell e_1 &= (\cos 2\vartheta)e_1 + (\sin 2\vartheta)e_2, \\ \Omega_\ell e_2 &= (\sin 2\vartheta)e_1 - (\cos 2\vartheta)e_2, \\ \Omega_\ell e_3 &= e_3 \end{aligned}$$

를 얻는다. 따라서, 기저 $\{e_1, e_2, e_3\}$에 관해 $\Omega_\ell$은 행렬

$$\begin{pmatrix} \cos 2\vartheta & \sin 2\vartheta & 0 \\ \sin 2\vartheta & -\cos 2\vartheta & 0 \\ 0 & 0 & 1 \end{pmatrix}$$

을 갖는데, 이는

$$\begin{pmatrix} \operatorname{ref}\vartheta & 0 \\ 0 & 1 \end{pmatrix}$$

로 줄여 질 수 있다. 비슷하게 $\Omega_m$의 행렬은

$$\begin{pmatrix} \operatorname{ref}\varphi & 0 \\ 0 & 1 \end{pmatrix}$$

이고, 따라서 $\Omega_\ell\Omega_m$은 행렬

$$\begin{pmatrix} \operatorname{rot} 2(\vartheta - \varphi) & 0 \\ 0 & 1 \end{pmatrix}$$

을 갖는다. 회전변환에 대해서는 $\mathbb{E}^2$에서와 같은 정의를 쓴다.

**[정의 2.8]** $\alpha$와 $\beta$가 점 $P$를 지나는 직선이라면, 등거리변환 $\Omega_\alpha\Omega_\beta$를 $P$에 관한 **회전변환**이라 한다. 특수한 경우 $\alpha = \beta$는 항등변환, 즉 자명한 회전변환을 결정한다. $\alpha \neq \beta$라면, 회전변환은 자명하지 않다고 한다. $P$에 관한 모든 회전변환의 집합을 $\mathbf{ROT}(P)$라 쓴다.

앞의 계산은 점 $P$에 대한 회전변환들의 대수를 $\mathbb{E}^2$에서 사용한 것들로 바꿀 수 있게 해 준다. 따라서 다음의 $\mathbb{S}^2$의 회전변환에 관한 중요한 결과를 밝히는 것은 쉽다.

**[정리 2.14 (세 반사변환정리)]** $\alpha, \beta$와 $\gamma$를 점 $P$를 지나는 직선이라 하자. 그러면

$$\Omega_\alpha\Omega_\beta\Omega_\gamma = \Omega_\delta$$

를 만족하는 점 $P$를 지나는 유일한 직선 $\delta$가 존재한다.

**[정리 2.15 (회전변환에 대한 표현정리)]** $T = \Omega_\alpha\Omega_\beta$를 $\mathbf{ROT}(P)$의 원소라 하고, $\ell$을 $P$를 지나는 직선이라 하자. 그러면

$$T = \Omega_\ell\Omega_m = \Omega_{m'}\Omega_\ell$$

을 만족하는 $P$를 지나는 유일한 직선 $m$과 $m'$이 존재한다.

**[정의 2.9]** $\ell$을 임의의 직선이라 하고, $m$과 $n$은 $\ell$에 수직인 직선이라 하자. 변환 $\Omega_m\Omega_n$을 $\ell$을 따른 **평행이동**이라 부른다. $m \neq n$이라면, 평행이동은 자명하지 않다고 한다.

**참고** 유클리드 평면과 달리, $\mathbb{S}^2$는 평행 직선들을 갖지 못한다. 실제로 두 직선이 $\ell$에 수직이라면, 두 직선은 $\ell$의 극에서 만난다. 따라서 두 개의 반사변환의 연구는 대단히 간결해진다.

**[정리 2.16]** i. $\mathbb{S}^2$의 모든 평행이동은 또한 회전변환이다.

ii. $\mathbb{S}^2$의 모든 회전변환은 또한 평행이동이다.

$\mathbb{E}^2$에서 $\ell$을 따른 평행이동은 실수에 의해 매개변수화 되었다. $\mathbb{S}^2$의 직선의 매개변수화의 주기적 성질을 고려한다면, $\ell$에 수직인 직선에 대한 반사변환 사이에서 유사한 관계를 얻을 수 있다.

$\ell$에 수직인 두 개의 직선 $\alpha$와 $\beta$를 생각하자. $P$를 $\ell$의 임의의 점이라 하자. $\xi$를 $\ell$의 극이라 하고, $Q = \xi \times P$라 놓자. 그러면 $\vartheta$와 $\varphi$를

$$(\cos\vartheta)P + (\sin\vartheta)Q \in \alpha, \quad (\cos\varphi)P + (\sin\varphi)Q \in \beta$$

가 성립하도록 택할 수 있다. 그러면 $(-\sin\vartheta)P + (\cos\vartheta)Q$가 $\alpha$의 극이고, $(-\sin\varphi)P+ (\cos\varphi)Q$가 $\beta$의 극이라는 것을 쉽게 보일 수 있다. 회전변환을 다룰 때 살펴 보았듯이 정규직교 기저 $\{P, Q, \xi\}$에 관해

$$\Omega_\alpha = \begin{pmatrix} \cos 2\vartheta & \sin 2\vartheta & 0 \\ \sin 2\vartheta & -\cos 2\vartheta & 0 \\ 0 & 0 & 1 \end{pmatrix}$$

이고, 따라서

$$\begin{aligned} \Omega_\alpha\Omega_\beta &= \begin{pmatrix} \cos 2(\vartheta-\varphi) & -\sin 2(\vartheta-\varphi) & 0 \\ \sin 2(\vartheta-\varphi) & \cos 2(\vartheta-\varphi) & 0 \\ 0 & 0 & 1 \end{pmatrix} \\ &= \begin{pmatrix} \operatorname{rot} 2(\vartheta-\varphi) & 0 \\ 0 & 1 \end{pmatrix} \end{aligned}$$

이 된다. $\ell$을 따른 모든 평행이동의 집합을 **TRANS**$(\ell)$로 놓는다. $\ell$에 수직인 직선들의 속 $\mathfrak{P}$ 안에 있는 직선들에 관한 모든 반사변환에 의해 생성되는 군은 **REF**$(\ell)$로 놓는다.

**[정리 2.17]** **TRANS**$(\ell)$은 $\xi$가 $\ell$의 극일 때 **ROT**$(\xi)$와 일치하는 가환군이다.

앞서의 논의에 의해 다음 정리를 주장하고 설명할 수 있다.

**[정리 2.18 (세 반사변환정리)]** $\alpha, \beta$와 $\gamma$를 공통수선 $\ell$을 갖는 속 $\mathfrak{P}$의 세 직선이라 하자. 그러면

$$\Omega_\alpha \Omega_\beta \Omega_\gamma = \Omega_\delta$$

를 만족하는 이 속의 유일한 네 번째 직선 $\delta$가 존재한다.

**[정리 2.19 (평행이동에 관한 표현정리)]** $T = \Omega_\alpha \Omega_\beta$를 $\mathbf{TRANS}(\ell)$의 임의의 원소라 하자. $m$과 $n$이 $\ell$에 수직인 임의의 직선이라면

$$T = \Omega_m \Omega_{m'} = \Omega_{n'} \Omega_n$$

을 만족하는 유일한 직선 $m'$과 $n'$이 존재한다.

**[따름정리 2.4]** $\mathbf{REF}(\mathfrak{P})$의 모든 원소는 $\ell$을 따른 평행이동이거나 $\mathfrak{P}$의 직선에 관한 반사변환이다.

**[정의 2.10]** $\alpha$와 $\beta$가 직선 $\ell$에 수직인 직선이라면, $\Omega_\alpha \Omega_\beta \Omega_\ell$은 축이 $\ell$인 미끄럼반사변환이라 한다.

**참고** 만약 $\{e_1, e_2, e_3\}$이 $e_3$을 $\ell$의 극으로 갖는 정규직교기저라면,

$$\Omega_\ell e_1 = e_1, \ \ \Omega_\ell e_2 = e_2, \ \ \Omega_\ell e_3 = -e_3$$

이다.

**[따름정리 2.5]** 이 형태의 정규직교기저에 관해 축이 $\ell$인 미끄럼 반사변환은 형태

$$\begin{pmatrix} \cos\lambda & -\sin\lambda & 0 \\ \sin\lambda & \cos\lambda & 0 \\ 0 & 0 & -1 \end{pmatrix}$$

을 갖는다.

**[정의 2.11]** 유한개의 반사변환의 곱인 등거리변환을 합동변환이라 부른다.

합동변환에 대한 다음과 같은 기본적인 구조정리를 얻을 수 있다.

**[정리 2.20]** 모든 합동변환은 둘 또는 셋의 알맞게 선택된 반사변환의 곱이다.

**2.4.2 $\mathbb{E}^3$의 직교변환.** $\mathbb{E}^3$ 위에서의 직교변환에 대해 생각해 보자.

**[정의 2.12]** 사상 $T : \mathbb{E}^3 \to \mathbb{E}^3$는

i. $T$가 선형사상이고,

ii. 모든 $x, y \in \mathbb{E}^3$에 대해 $\langle Tx, Ty\rangle = \langle x, y\rangle$일 때

직교변환이라고 한다.

**[정리 2.21]** 선형변환 $T$가 직교변환일 필요충분조건은 (어떤 정규직교 기저에 관해) 그것의 행렬 $A$가 $A^tA = I$를 만족하는 것이다.

**증명** $T$를 직교변환이라 하고, $\{e_i\}$가 정규직교기저라 하자. 그러면

$$\begin{aligned}\langle Te_i, Te_j\rangle &= \left\langle \sum_{k=1}^{3} a_{ki}e_k, \sum_{l=1}^{3} a_{lj}e_l \right\rangle \\ &= \sum_{k,l=1}^{3} a_{ki}a_{lj}\langle e_k, e_l\rangle \\ &= \sum_{k=1}^{3} a_{ki}a_{kj} = (A^tA)_{ij}\end{aligned}$$

를 얻는다. 그러나 $\langle Te_i, Te_j\rangle = \langle e_i, e_j\rangle$이므로 $A^tA = I$이다.

역으로, 적당한 정규직교기저에 관해 $A^tA = I$이면, 같은 계산에 의해

$$\langle Te_i, Te_j\rangle = \langle e_i, e_j\rangle$$

를 얻는다. 따라서, 임의의 $x = \sum x_ie_i$와 $y = \sum y_je_j$에 대해, 내적의 선형성을 이용하면 $\langle Tx, Ty\rangle = \langle x, y\rangle$를 얻는다. □

**[정의 2.13]** $A^tA = I$를 만족하는 $3 \times 3$ 행렬 $A$를 직교행렬이라 한다.

**참고** $A$가 직교행렬이라면 $A^{-1} = A^t$이고, 따라서 $AA^t = I$이다. 마지막으로 $\det(A^tA) = (\det A)^2 = 1$이고, 따라서 $\det A = \pm 1$이다.

**[정리 2.22]** (i) $\mathbb{E}^3$의 모든 직교변환의 집합 **O(3)**은 $\mathbb{R}^3$의 **직교군**이라 불리는 군이다.

(ii) 행렬식이 $+1$인 직교변환의 집합 **SO(3)**은 **특수 직교군**이라 불리는 **O(3)**의 부분군이다.

**증명** (i)을 증명하기 위해 직교행렬의 집합은 곱셈과 역을 취하는 것에 관해 닫혀있음을 보인다. 먼저, $A$와 $B$가 직교행렬이면

$$(AB)^tAB = B^tA^tAB = B^tB = I$$

이고, 따라서

$$(AB)^t = (AB)^{-1}$$

이다. 다음으로 $A$가 직교이면,

$$(A^{-1})^tA^{-1} = (A^t)^tA^t = AA^t = I$$

이고, 따라서 $A^{-1}$은 직교행렬이다. 이것이 (i)의 증명이다.

(ii)를 증명하기 위해 $A, B \in$ **SO(3)**는 $\det(AB) = (\det A)(\det B) = 1\cdot 1 = 1$이고, 따라서 $AB \in$ **SO(3)**임을 유의하자. 두 번째로 $A \in$ **SO(3)**라면,

$$\det(A^{-1}) = \frac{1}{\det A} = \frac{1}{1} = 1$$

이고, 따라서 $A^{-1}$ 역시 **SO(3)**에 있다. □

**2.4.3 오일러의 정리.** 앞에서 모든 반사변환과 따라서 모든 합동변환이 직교변환으로부터 생긴다고 생각할 수 있다는 것을 관찰하였다. 이 절에서는 역을 보인다. 즉, 모든 직교변환은 $\mathbb{S}^2$의 합동변환이 된다.

**SO(3)**은 정확히 회전변환에 대응되고 반면 행렬식이 $-1$인 직교변환들은 반사변환과 미끄럼 반사변환에 대응된다. 먼저 다음의 오일러의 정리를 증명한다.

**[정리 2.23]** 각각의 $T \in \mathbf{SO(3)}$에 대해, $Tx = x$가 되는 $x \in \mathbb{S}^2$가 존재한다.

**증명** 일반적인 경우를 푸는 것으로부터 시작하자. $Tx$와 $x$가 비례적이 아닌 모든 0이 아닌 벡터 $x \in \mathbb{R}^3$를 찾아본다. 이것은 어떤 실수 $\lambda$에 대해 방정식

$$Tx = \lambda x,$$

즉, $(T - \lambda I)x = 0$을 풀어야만 함을 뜻한다. 자명하지 않은 해는 $\lambda$가 $\chi(\lambda) = \det(T - \lambda I) = 0$을 만족해야 한다. 이것은 $\lambda$에 관한 3차 방정식이다. 다항식 $\chi(\lambda)$를 인수분해하는 데 두 가지의 가능성이 존재한다.

(i) $\chi(\lambda) = (\lambda_1 - \lambda)(\lambda_2 - \lambda)(\lambda_3 - \lambda)$ (세 실근).

(ii) $\chi(\lambda) = (\widetilde{\lambda} - \lambda)(\mu - \lambda)(\bar{\mu} - \lambda)$ (하나의 실근과 두 개의 복소 공액근).

어느 경우이건, 각각의 실수해 $\lambda$에 대해 $Tx = \lambda x$를 만족하는 단위벡터 $x$가 존재한다. 경우 (i)에서는

$$1 = |Tx|^2 = \lambda_i^2 |x|^2 = \lambda_i^2$$

이고, 따라서 $\lambda_i = \pm 1$이다. 한편, 해의 곱은 $T$의 행렬식과 같아야만 하고 해 중의 적어도 하나는 1과 같아야 한다.

두 번째의 경우, 해의 곱 $\widetilde{\lambda}\mu\bar{\mu} = \lambda|\mu|^2$은 다시 $+1$과 같아야 한다. 따라서 $\widetilde{\lambda} = +1$이다. □

**[따름정리 2.6]** 임의의 $T \in \mathbf{SO(3)}$에 대해, $T$를 $\mathbb{S}^2$에 제한하면 회전변환이다.

**증명** 오일러 정리(정리 2.23)에 의해, $T$에 의해 자신으로 사상되는 $\mathbb{S}^2$의 점들이 존재한다. $Te_3 = e_3$이 되도록 하는 정규직교기저 $\{e_1, e_2, e_3\}$을 선택하자. 그러면 $\vartheta$의 적당한 선택에 대해

$$\begin{aligned} Te_1 &= (\cos\vartheta)e_1 + (\sin\vartheta)e_2, \\ Te_2 &= \pm((-\sin\vartheta)e_1 + (\cos\vartheta)e_2), \\ Te_3 &= e_3 \end{aligned}$$

를 얻는다. $\det T = 1$이므로 $Te_2$에서 양의 부호가 선택돼야 하고, $T$의 행렬은

$$\begin{pmatrix} \cos\vartheta & -\sin\vartheta & 0 \\ \sin\vartheta & \cos\vartheta & 0 \\ 0 & 0 & 1 \end{pmatrix}$$

이다. $T$가 두 개의 반사변환의 곱으로 분해될 수 있으므로 그것은 분명히 회전변환이다. □

**참고** 모든 회전변환이 두 개의 직교변환의 곱으로부터 생기므로 그것은 **SO(3)**의 원소의 $\mathbb{S}^2$에의 제한이어야만 한다.

사고의 편리성을 위해 SO(3)은 모든 회전변환의 집합과 동일할 수 있다. 물론 모든 직교변환이 회전변환은 아니다.

**[정의 2.14]** 원점대칭사상 $E$는

$$Ex = -x$$

로 정의되는 변환이다.

임의의 정규직교기저에 관해 $E$는 행렬

$$\begin{pmatrix} -1 & 0 & 0 \\ 0 & -1 & 0 \\ 0 & 0 & -1 \end{pmatrix}$$

을 갖는다. 원점 대칭 사상은 그것이 극들이 정규직교 기저를 이루는 직선에 대한 세 개의 반사변환의 곱

$$\begin{pmatrix} -1 & 0 & 0 \\ 0 & 1 & 0 \\ 0 & 0 & 1 \end{pmatrix} \begin{pmatrix} 1 & 0 & 0 \\ 0 & -1 & 0 \\ 0 & 0 & 1 \end{pmatrix} \begin{pmatrix} 1 & 0 & 0 \\ 0 & 1 & 0 \\ 0 & 0 & -1 \end{pmatrix}$$

로 분해될 수 있기 때문에 미끄럼 반사변환이다. (이 형태의 세 개의 직선은 자신 극 삼각형을 형성한다고 말한다. 각각의 꼭지점은 대변의 극이다.) 그러나 이 미끄럼 반사변환은 유일한 축을 갖지 않는다. 모든 직선이 축이다.

원점 대칭 사상 $E$는 직교변환을 해석하는데 편리한 도구이다.

**[정리 2.24]** 모든 직교변환은 $\mathbb{S}^2$로 제한하면 합동변환이 된다.

**증명** $T$를 직교변환이라 하자. $\det T = 1$이라면, $T$는 회전변환이고, 따라서 합동변환이다. $\det T = -1$이면, $ET$는 회전변환 $\varrho$이다. 따라서 $T = E\varrho$이다. ($E$는 자신이 자신의 역이다.) 이것은 $T$가 합동변환임을 말한다. □

**2.4.4 등거리변환.** 이제 거리를 보존하는 변환에 대해 알아보자.

**[정의 2.15]** 함수 $T : \mathbb{S}^2 \to \mathbb{S}^2$가 모든 $x \in \mathbb{S}^2$에 대해

$$d_s(Tx, Ty) = d_s(x, y)$$

를 만족한다면 등거리변환이라 한다.

모든 반사변환과 따라서 모든 합동변환은 등거리변환임을 상기하자. 더욱이, 모든 직교변환은 $\mathbb{S}^2$의 합동변환으로 제한됨을 상기하자. 각각의 직교변환은 단위벡터들 위의 그것의 값에 의해 결정되므로 각각의 등거리변환은 기껏해야 하나의 직교변환의 제한이다. 이제 이 절의 주 결과를 소개한다.

**[정리 2.25]** $\mathbb{S}^2$의 모든 등거리변환 $T_0$에 대해, $\mathbb{S}^2$ 위에서 $T_0$과 일치하는 직교변환 $T$가 존재한다.

**증명** $\{e_1, e_2, e_3\}$을 $\mathbb{E}^3$의 정규직교기저라 하자. $T_0$이 등거리변환이기 때문에 $\langle T_0 e_i, T_0 e_j\rangle = \langle e_i, e_j\rangle$이다. $\mathbb{E}^3$의 각각의 점은 적당한 $x \in \mathbb{S}^2$와 $\lambda \geq 0$에 대해 $\lambda x$의 형태이다. $T : \mathbb{E}^3 \to \mathbb{E}^3$를

$$\begin{aligned} T(\lambda x) &= \lambda T_0 x \qquad (\lambda x \neq 0) \\ T(0) &= 0 \end{aligned}$$

으로 정의한다. $T$가 직교변환임을 보이자. 먼저 선형성을 보자. $\{Te_i\}$가 또한 정규직교기저이므로, $x \in \mathbb{S}^2$에 대해 $Tx = T_0x$와

$$Tx = \sum \langle Tx, Te_i \rangle Te_i = \sum \langle x, e_i \rangle Te_i$$

가 성립한다. 따라서

$$\begin{aligned} T(\lambda x) = \lambda T_0 x = \lambda Tx &= \lambda \sum \langle x, e_i \rangle Te_i \\ &= \sum \langle \lambda x, e_i \rangle Te_i \end{aligned}$$

를 얻는다. 다시 말하면, $\mathbb{E}^3$의 임의의 $u \neq 0$ (또한 더 분명하게 $u = 0$) 에 대해

$$Tu = \sum \langle u, e_i \rangle Te_i$$

를 얻는다. 이 표현은 분명히 $u$에 관해 선형이다. 더욱이, $v$가 $\mathbb{E}^3$에 있는 다른 벡터라면,

$$\begin{aligned} \langle Tu, Tv \rangle &= \sum \langle u, e_i \rangle \langle v, e_j \rangle \langle Te_i, Te_j \rangle \\ &= \sum \langle u, e_i \rangle \langle v, e_i \rangle = \langle u, v \rangle \end{aligned}$$

가 되고, 따라서 $T$는 직교변환이다. □

**2.4.5 등거리변환의 고정점과 불변선.** 이제 고정점과 불변선의 집합의 성질에 따라 등거리변환의 여러가지 형태를 특성화하자.

**[정리 2.26]** i. 자명하지 않은 회전변환은 정확히 두 개의 원점 대칭 고정점을 갖는다.

ii. 반사변환은 고정점의 선 —그것의 축— 을 갖는다.

iii. 미끄럼 반사변환은 고정점을 갖지 않는다.

iv. 항등변환은 모든 점을 고정한다.

**[정리 2.27]** 등거리변환 $T$가 극 $\xi$를 갖는 직선을 불변시킬 필요충분조건은 $T\xi = \pm\xi$인 것이다.

**[정리 2.28]** (i) 반회전은 점(중심)을 통과하는 모든 직선과 공통수선을 불변시킨다.

(ii) 자명하지 않은 회전변환은 그것의 중심의 극직선만 불변선으로 갖는다.

(iii) 반사변환은 그것의 축과 그 축에 수직인 모든 직선(반회전에 의해 변하지 않는 것과 같은 직선)을 불변선으로 갖는다.

(iv) 원점 대칭사상 이외의 미끄럼 반사변환(정의 2.10)은 그것의 축만을 불변시킨다.

(v) 원점 대칭사상과 항등사상은 모든 직선을 불변선으로 갖는다.

**2.4.6 그밖의 표현정리.** 회전변환이 $\mathfrak{I}(\mathbb{S}^2)$의 부분군을 형성함으로 두 개의 연속되는 반회전의 곱은 회전변환임은 분명하다. 그것의 역도 역시 옳다는 것을 알게 되면 놀라게 될 것이다. 특히 회전변환에 대한 다음 표현정리를 얻는다.

**[정리 2.29]** 모든 회전변환은 두 개의 반회전의 곱으로 쓸 수 있다.

**증명** $T$를 회전변환이라 하자. 정리 2.15에 의해 $T = \Omega_\ell\Omega_m$이 되는 직선 $\ell$과 $m$이 존재한다. $n$을 $\ell$과 $m$과 각각 $P$와 $Q$에서 만나는 $\ell$과 $m$에의 공통수선이라 하자. 그러면

$$T = \Omega_\ell\Omega_n\Omega_n\Omega_m = H_PH_Q$$

가 성립한다. □

**참고** $\mathbb{E}^2$에서 두 반회전의 곱은 평행이동이고, 모든 평행이동은 그렇게 표현될 수 있다. 정리 2.29에서 $\mathbf{SO(3)}$의 원소들을 회전변환이라기 보다는 평행이동으로 보는 것이 더 생산적이라고 하는 예를 지적하였다. 이 구성이 그림 2.9에 있다.

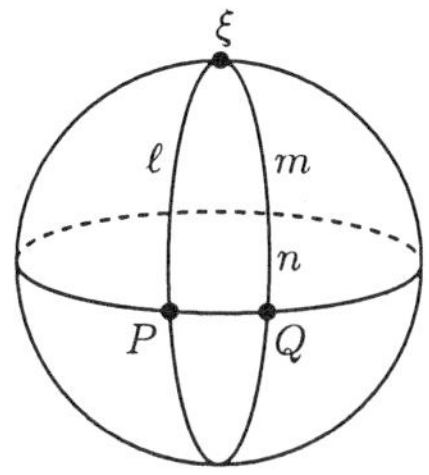


그림 2.9 $\Omega_\ell \Omega_m = H_P H_Q$

**[정리 2.30]** $P$를 $\mathbb{S}^2$의 점이라 하자. 그러면 모든 $x \in \mathbb{S}^2$에 대해,

$$H_P x = -x + 2\langle x, P\rangle P$$

이다.

**증명** $\xi$와 $\eta$를 $P$를 지나는 직교직선의 극이라 하자. 그러면 $\{\xi, \eta, P\}$는 정규직교 기저이고, 항등식

$$x = \langle x, P\rangle P + \langle x, \xi\rangle \xi + \langle x, \eta\rangle \eta$$

가 $\mathbb{S}^2$에서 성립한다. 이제

$$H_P x = x - 2\langle x, \xi\rangle \xi - 2\langle x, \eta\rangle \eta$$

의 계산은 바로 나온다. 이 두 결과를 함께 묶으면 $H_P x$에 대한 원하는 표현을 얻는다. □

**[따름정리 2.7]** $P$를 $\mathbb{S}^2$의 임의의 점이라 하고, $\ell$을 그것의 극직선이라 하자. 그러면, $E$가 원점대칭 사상일 때,

$$\Omega_\ell H_P = H_P \Omega_\ell = E$$

이다.

**증명** 정리 2.30의 결과는 모든 $x \in \mathbb{S}^2$에 대해

$$H_P x = -x - 2\langle -x, P\rangle P = -(x - 2\langle x, P\rangle P)$$

라 쓸 수 있다. 다시 말해,

$$H_P = \Omega_\ell E = E\Omega_\ell,$$

즉,

$$\Omega_\ell H_P = H_P \Omega_\ell = E$$

이다. □

원점대칭 사상이 반회전과 반사변환의 곱으로 표현될 수 있음을 보였다. 또한 어떠한 결합이 그 표현에서 나타날 수 있는지를 정확히 결정하였다. 같은 것을 임의의 미끄럼 반사변환에 대해서도 시행하자.

$T$를 원점대칭 사상 $E$ 이외의 미끄럼 반사변환이라 하자. 그것의 축 $\ell$이 극으로서 점 $P$를 갖는다고 가정하자. $P$를 $T$의 **극**이라 부른다.

**[정리 2.31]** i. $P$를 지나는 각각의 직선 $m$에 대해 $\Omega_m H_Q = T$가 되는 유일한 점 $Q$가 존재한다. 점 $Q$는 반드시 $\ell$ 위에 놓여 있다.

ii. $\ell$ 위의 임의의 점 $Q$에 대해, $\Omega_m H_Q = T$가 되는 유일한 직선 $m$이 존재한다. 직선 $m$은 반드시 $P$를 지난다.

**참고** 임의의 직선 $m$과 임의의 점 $Q$에 대해, $\Omega_m H_Q$는 그것의 축이 $m$에 수직이고 $Q$를 통과하는 미끄럼 반사변환이다.

## 2.5 복소함수로서의 변환

입체사영에 의해 구면 $\mathbb{S}^2$의 기하학과 $\mathbb{C}$의 대수 사이에 놀랄만한 관계가 형성되었다. 이에 따라 구면 $\mathbb{S}^2$의 모든 변환은 $\mathbb{C}$ 위의 변환(복소함수)에 의해 표현

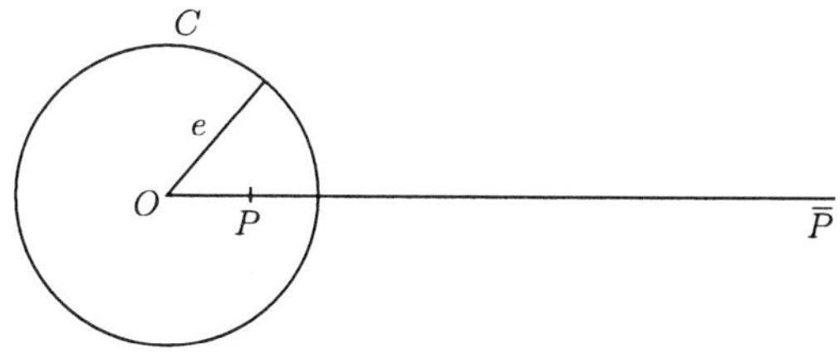


그림 2.10 원에 관한 반전

될 수 있게 된다. $\mathbb{S}^2$의 합동 (또는 등거리)변환과 복소함수의 연결고리는 **반전사상**으로 알려진 기하학적 변환이다.

$C$가 유클리드 평면 위의 원이고 $P$가 $C$의 중심 $O$가 아닌 점이라 하자. 그러면 $C$에 관한 $P$의 **반전**은 그림 2.10에 있는 점 $\overline{P}$이다. $\overline{P}$는 $C$의 중심 $O$로부터의 직선 $OP$에 놓여 있고, $\varrho$가 $C$의 반지름이라면, $\overline{OP}$를 거리 $d(O, \overline{P})$로 놓을 때,

$$\overline{O\overline{P}} \cdot \overline{OP} = \varrho^2 \tag{2.5}$$

을 만족한다. 직선에 관한 유클리드 반사변환은 $OP$와 $C$의 교점을 고정하면서 $O$를 움직임으로써 $\varrho \to \infty$로 만들어서 얻어지는 원에 관한 반전사상의 극한의 경우이다.

따라서 **반전사상**은 직선 $\ell$에 관한 유클리드 반사변환 $\Omega_\ell$ 또는 점 $P$를 $C$에 관해 그것의 반전 $\overline{P}$로 보내는 함수 $I_C(P) = \overline{P}$로 정의한다. 일반적으로 평면을 복소수 $z$의 평면 $\mathbb{C}$로 본다면 반전사상은 단지 $\bar{z}$의 복소함수이다. 이 형태의 함수에 대해 다음에서 논의하겠다. 그러나 먼저 $\mathbb{S}^2$의 등거리변환과의 관계에 대해 알아보자. 증명은 여러분에게 맡긴다.

**[정리 2.32]** $\mathbb{S}^2 \subset \mathbb{R}^3$가 $O$를 지나는 평면에 대해 반사된다면, 입체사영상에서 유도된 사상은 반전사상이다.

반전사상에 관해 필요한 결과의 대부분은 정리 2.33과 뫼비우스 변환에서 대응하는 결과로부터 나온다.

**[정리 2.33]** $z_j^*$를 적당한 원에 관한 $z_j (j = 0, 1, 2, 3)$의 반전점이라 하자. 그러면

$$(z_0^*, z_1^*; z_2^*, z_3^*) = \overline{(z_0, z_1; z_2, z_3)}$$

이다.

**증명** $T$를 반전사상의 원을 실축으로 사상하는 뫼비우스 변환이라 하자. 뫼비우스 변환은 대칭을 보존하므로, 점 $z_j$와 $z_j^*$는 복소공액으로 사상된다. 즉, $w_j = T(z_j)$이면, $\bar{w}_j = T(z_j^*)\,(j = 0, 1, 2, 3)$이다. 더욱이, 뫼비우스 변환이 복비를 보존하므로,

$$\begin{aligned}(z_0^*, z_1^*; z_2^*, z_3^*) &= (T(z_0^*), T(z_1^*); T(z_2^*), T(z_3^*)) \\ &= (\bar{w}_0, \bar{w}_1; \bar{w}_2, \bar{w}_3) = \overline{(w_0, w_1; w_2, w_3)} \\ &= \overline{(T(z_0), T(z_1); T(z_2), T(z_3))} = \overline{(z_0, z_1; z_2, z_3)}\end{aligned}$$

을 얻는다. □

네 점이 공순환적이 되기 위한 필요충분조건은 그들의 복비가 실수(이고, 실수의 복소공액은 실수 자신)인 것이다.

반전사상을 복소함수로 설명하기 위해서 $(x, y) = x + iy = z$라 놓는다. 그러면 가장 간단한 경우는 반전사상의 원 $C$가 단위원 $|z| = 1$인 때이다. $\varrho, \vartheta \in \mathbb{R}$일 때, $z = \varrho e^{i\vartheta}$의 반전은 $\varrho^{-1} e^{i\vartheta} = \dfrac{1}{\bar{z}}$이다. 따라서 $C$에 관한 반전사상은 함수 $I(z) = \dfrac{1}{\bar{z}}$이다. 이 함수를 이용해 다음을 증명할 수 있다.

**[정리 2.34 (반전사상의 기하학적 특징)]** 원에 관한 반전사상은

i. 원을 원으로 사상한다.

ii. 각의 크기를 보존하지만, 각의 부호(즉, 방향)를 바꾼다.

**증명** 반전사상의 정의에 의하면 원 $C$에 관한 반전은 측도나 중심의 선택에 무관하다는 것을 알 수 있다. 따라서 $C$를 단위원으로 가정해도 일반성을 잃지

않고, 반전사상은 함수 $I(z) = \dfrac{1}{\bar{z}}$이다. 원이 직선이라면 반전사상은 반사변환이고 성질 (i)과 (ii)는 당연히 성립한다.

(i) 중심이 $d \in \mathbb{C}$이고 반지름이 $\varrho \in \mathbb{R}$인 원 $C_{d,\varrho}$의 방정식은

$$\varrho^2 = |z-d|^2 = z\bar{z} - \bar{d}z - d\bar{z} + d\bar{d}$$

이다. $\sigma = d\bar{d} - \varrho^2 \in \mathbb{R}$으로 놓고 자기 반전사상 $I$를 적용하면 이 원은

$$1 - \bar{d}z - d\bar{z} + \sigma z\bar{z} = 0$$

이 되는데 이는 다시 원(단, $\sigma = 0$이면 직선)이 된다.

(ii) $I$는 $z \mapsto \dfrac{1}{z}$과 $z \mapsto \bar{z}$의 합성이다. 후자의 함수는 각의 크기는 보존하지만 방향을 바꾼다. 따라서 전자가 각의 크기를 보존함을 증명하기만 하면 된다. $z = re^{i\vartheta}$라 하면 $\dfrac{1}{z} = \dfrac{1}{r}e^{-i\vartheta}$이므로 $z \mapsto \dfrac{1}{z}$은 각의 크기를 보존한다. □

기하학적인 관점에서 위 정리의 증명을 생각해 보자. 반전사상이 반전사상의 원을 그 자신으로 사상하고, 반전사상의 중심을 지나는 직선을 그 자신으로 사상하는 것을 보이는 것은 쉽다. 더욱이, 이것은 반전사상의 중심을 지나는 원을 반전사상의 중심을 지나지 않지만, 반전사상의 중심에서 원에 접하는 직선에 평행한 직선으로 사상한다. 역도 또한 성립한다. 이를 보이기 위해, $O$를 반전사상의 중심, $OA$를 반전되는 원의 지름, $B$를 $A$의 반전이라 하자. 그러면, 원 위의 임의의 점 $P$와 $P$의 반전점 $Q$에 대해, $r$이 반전사상의 반지름일 때,

$$\overline{OP} \cdot \overline{OQ} = r^2 = \overline{OA} \cdot \overline{OB},$$

즉,

$$\overline{OP} : \overline{OA} = \overline{OB} : \overline{OQ}$$

를 얻고, 따라서

$$\Delta OAP \sim \Delta OQB$$

를 얻는다. 그러므로,

$$\angle OBQ = \angle OPA = \frac{\pi}{2}$$

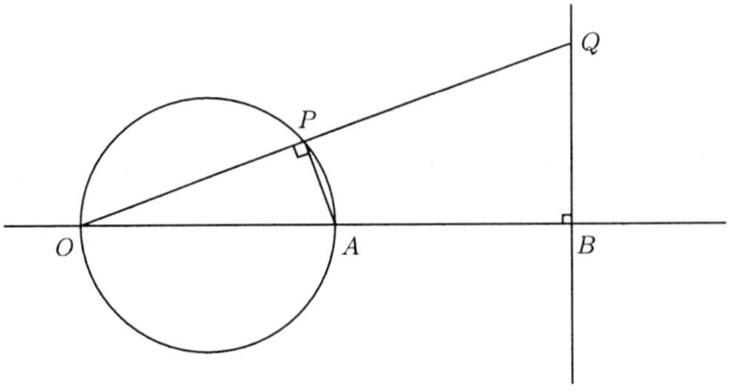


그림 2.11 반전사상에 의한 원의 직선으로의 사상

가 된다.

역으로, 반전사상의 중심 $O$를 지나지 않는 직선이 주어질 때, $B$를 $O$로부터 내린 수선의 발이라 하고, $A$를 $B$의 반전점이라 하자. 그러면, 직선 위의 임의의 점 $Q$와 $Q$의 반전점 $P$에 대해,

$$\overline{OP} \cdot \overline{OQ} = \overline{OA} \cdot \overline{OB}; \qquad \overline{OP} : \overline{OA} = \overline{OB} : \overline{OQ}$$

를 얻고, 따라서

$$\Delta OAP \sim \Delta OQB$$

가 된다. 그러므로, $\angle OPA = \angle OBQ = \frac{\pi}{2}$이고, $P$는 지름으로 $OA$를 갖는 원위의 점이다. 마지막으로, 반전사상의 중심을 지나지 않는 원은 반전사상의 중심을 지나지 않는 또 다른 원으로 사상된다.

**[따름정리 2.8]** 입체사영은 원을 원으로 사상하고 각의 크기를 보존한다. .

**증명** $C$가 중심을 남극점 $S$에 둔 $\mathbb{S}^2$ 위의 원이라면 그것의 입체사영상 $C'$은 분명히 원이다. $P$를 $S$와 다른 $\mathbb{S}^2$의 점이라 하자. $S$와 $P$의 등거리 평면에 관한 반사변환에 의해 $S$를 $P$로 보내는 것은 $C$를 중심이 $P$인 임의의 원 $D$로 보내는 것이고, 동시에 그것의 입체사영상 $C'$을 반전사상에 의해 $D$의 입체사영상 $D'$으로 보낸다. 따라서 $D'$도 원이다.

같은 방법으로 남극점에서의 각은 입체사영에 의해 보존된다. 이 각을 반사변환에 의해 $P$에서의 각으로 보내는 것은 각의 입체사영상을 반전사상에 의해 보내는 것이고, 따라서 각의 크기를 보존한다. □

그러므로, 반전사상은 한쌍의 교차하는 원을 (각의 방향을 무시하고) 같은 교각을 갖는 한쌍의 교차하는 원으로 사상한다. 특히, 한쌍의 직교하는 원은 한쌍의 직교하는 원으로 사상되고, 서로 접하는 한쌍의 원은 서로 접하는 한쌍의 원으로 사상된다. 더욱이, 반전사상의 원에 직교하는 원은 (대칭의 정의에 의해) 자신으로 사상된다.

이제 구체적으로 반전사상을 구해 보자. 앞서의 반전사상의 정의에 의하면 원점 $O$에 중심을 둔 원 $C$에 관한 반전사상은 유클리드 확대변환 $d_\varrho(z) = \varrho z$ $(\varrho \in \mathbb{R}^+)$와 유클리드 평행이동 $\tau_d(z) = d + z$ $(d \in \mathbb{C})$에 의해 보존된다. 중심이 $d$이고 반지름이 $\varrho$인 원 $C_{d,\varrho}$는 단위원을 $\tau_d d_\varrho$에 의해 변환함으로써 얻어지므로, $C_{d,\varrho}$에 관한 반전사상은, $I$가 단위원에 관한 반전사상일 때, $\tau_d d_\varrho I d_\varrho^{-1} \tau_d^{-1}$이다. 앞의 논의에서 $I(z) = \dfrac{1}{\bar{z}}$이므로 $\tau_d d_\varrho I d_\varrho^{-1} \tau_d^{-1}$는 함수

$$\bar{g}(z) = d + \varrho \cdot \frac{1}{\overline{\varrho^{-1}(-d+z)}} = \frac{d\bar{z} + \varrho^2 - d\bar{d}}{\bar{z} - \bar{d}} \tag{2.6}$$

이다. 이제 이 반전사상을 이용해 반사변환과 회전변환을 복소함수로 나타내 보자.

정리 2.32를 적용하면 다음을 알 수 있다. $\lambda, \mu, \nu \in \mathbb{R}$가 $\lambda^2 + \mu^2 + \nu^2 = 1$을 만족할 때 평면

$$\lambda x + \mu y + \nu s = 0$$

에 관한 $\mathbb{S}^2$의 반사변환은 $d = -\dfrac{\lambda}{\nu} - i\dfrac{\mu}{\nu}$이고 $\varrho = \left(\dfrac{1}{\nu}\right)\sqrt{\lambda^2 + \mu^2 + \nu^2} = \dfrac{1}{\nu}$일 때 원 $C_{d,\varrho}$에 관한 $\mathbb{C}$의 반전사상을 유도한다.

**[정리 2.35]** $\lambda^2 + \mu^2 + \nu^2 = 1$일 때 평면 $\lambda x + \mu y + \nu s = 0$에 관한 $\mathbb{S}^2$의 반사변환에 의해 유도된 $z$-평면의 사상은

$$\bar{g}(z) = \frac{(\lambda + i\mu)\bar{z} - \nu}{-\nu\bar{z} - (\lambda - i\mu)}$$

이다.

**증명** 원 $C_{d,\varrho}$에 관한 반전사상은 (2.6)과 같이 주어진다. $d = -\frac{\lambda}{\nu} - i\frac{\mu}{\nu}$이고 $\varrho = \frac{1}{\nu}$이므로 주어진 형태의 변환을 얻는다. □

이 정리에 의해 다음 사실을 얻게 된다.

**[정리 2.36 (가우스, 1819)]** $\mathbb{S}^2$의 회전변환에 의해 유도된 $z$-평면의 사상은, 복소수 $a, b$가 $|a|^2 + |b|^2 = 1$을 만족할 때, 뫼비우스 변환

$$f(z) = \frac{az + b}{-\bar{b}z + \bar{a}} \tag{2.7}$$

이다.

**증명** 회전변환은 두 개의 반사변환의 곱임을 알고, 정리 2.35의 변환 $\bar{g}(z)$를 이용하여 계산하면 쉽게 증명할 수 있다. □

**[따름정리 2.9]** $\mathbb{S}^2$의 방향역전 등거리변환에 의해 유도된 $z$-평면의 사상은, 복소수 $a, b$가 $|a|^2 + |b|^2 = 1$을 만족할 때, 뫼비우스 변환

$$\bar{f}(z) = \frac{a\bar{z} + b}{-\bar{b}\bar{z} + \bar{a}}$$

이다.

**증명** 앞서의 변환에 대한 논의에 따르면 임의의 반사변환은 방향을 역전시킨다. 따라서 정리 2.36에서 변환 $f(z)$에 평면 $y = 0$에 관한 반사변환 $\Omega_{OX}(z) = \bar{z}$를 적용하면 주어진 결과를 얻는다. 적용의 순서는 상관없다. □

이제 반전사상의 몇 가지 응용을 살펴보자.

**[예제 2.1]** (파푸스) 두 원 $A$와 $B$가 원 $B$가 원 $A$의 내부에 있도록 서로 내접한다고 하자. $C_0$을 직선 $AB$ 위에 중심을 갖는 원이라 하고, 원 $A$에 내접하고, 원 $B$에 외접한다고 하자. $C_1, C_2, \cdots$를 $C_1$이 원 $A, B, C_0$에 접하고, $C_2$는 원

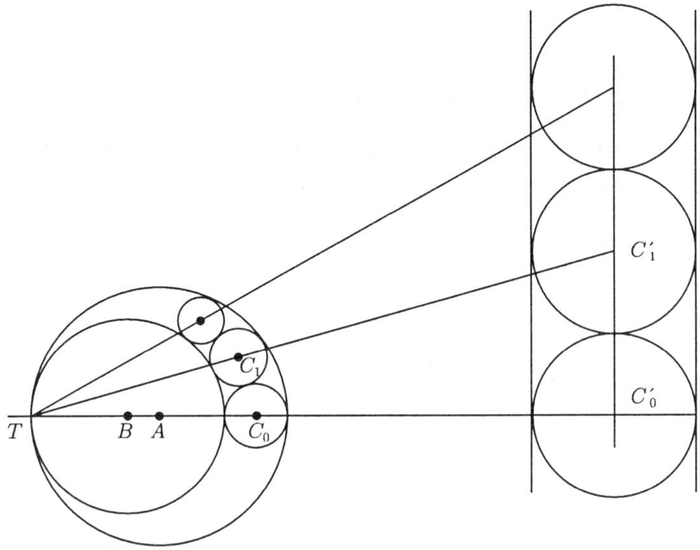


그림 2.12 내접, 외접하는 원

$A, B, C_1$에 접하고, $\cdots$ 등등인 원이라 하자. 그러면, $h_n$이 원 $C_n$의 중심에서 직선 $AB$까지의 거리이고, $r_n$이 원 $C_n$의 반지름일 때,

$$h_n = 2nr_n$$

이다.

**풀이** 원 $A$와 $B$의 접점 $T$를 (임의의 반전사상의 반지름을 갖는) 반전사상의 중심이라 하자. 그러면, 한쌍의 원 $A$와 $B$는 직선 $AB$에 직교하는 한쌍의 평행선으로 사상되고, 원 $C_0, C_1, C_2, \cdots$는 (원 $A$와 $B$의 상인) 한쌍의 평행선에 접하는 직선 $C'_0, C'_1, C'_2, \cdots$으로 사상되고, $C'_n$의 반지름은 모두 (예를 들어, $r'$과) 같다. 그러면,

$$\frac{r_n}{r'} = \frac{\overline{TC_n}}{\overline{TC'_n}} = \frac{h_n}{\overline{C'_nC'_0}} = \frac{h_n}{2nr'}$$

이므로

$$h_n = 2nr_n$$

을 얻는다. □

반전사상을 이용하여 포이어바흐(Feuerbach) 정리를 여러 가지 방법으로 증명할 수 있지만, 다음 증명이 알고 있는 것 중 아마도 가장 쉬운 것일 것이다. 이것은 콕시터(H.S.M. Coxeter)와 그라이처(S.S. Greitzer)의 ⟨기하학 재해석⟩(*Geometry Revisited*[MAA, Washington, D.C., 1967, pp. 117-119])에 수록돼 있다.

**[정리 2.37 (포이어바흐)]** 삼각형의 9-점 원은 하나의 내접원과 세 개의 방접원에 접한다.

**증명** $I$와 $I_A$를 각 $A$에 대하는 내접원과 방접원의 중심이라 하자. 그러면, 삼각형 $\Delta ABC$의 세 변은 원 $I$와 $I_A$에의 세 공통 접선이다. $B'$과 $C'$이 각각 $AC, AB$(의 연장선) 위에 있을 때, $B'C'$을 네 번째 공통 접선이라 하고, $D, E$를 $I$와 $I_A$에서 변 $BC$에 각각 내린 수선의 발이라 하자. $a, b, c$를 각각 $A, B, C$의 세 대변의 길이라 하고, $s = \frac{1}{2}(a+b+c)$라 놓자. 그러면,

$$\overline{BD} = s - b = \overline{CE}$$

임을 보이기는 간단하다. 따라서 변 $BC$의 중점 $L$은 또한 $DE$의 중점이다. 그러므로, 지름으로 $DE$를 갖는 원은 내접원 $I$와 방접원 $I_A$ 모두에 직교한다. 이로 인해 원 $L$에 관한 원 $I$와 $I_A$의 반전은 원 $I$와 $I_A$ 자신이다. 두 원이 서로 접할 필요충분조건은 반전이 서로 접하는 것이므로, 9-점 원의 반전이 직선 $B'C'$임을 보이기만 하면 된다.

9-점원이 반전사상의 중심 $L$을 지나므로, 이것은 직선으로 사상될 것이다. 더욱이, 9-점원은 변 $CA, AB$의 중점 $M, N$을 지난다. 따라서 $M$과 $N$의 (원 $L$에 관한) 반전점들이 직선 $B'C'$ 위에 있음을 보이면 된다.

$K, M', N'$을 각각 $B'C'$과 $BC, LM, LN$의 교점이라 하자. $BI$가 $\angle KBA$의 이등분선이고, $CI_A$가 $\angle KCA$의 외각의 이등분선이므로,

$$\overline{BK} : \overline{AB} = \overline{KI} : \overline{AI} = \overline{CK} : \overline{AC},$$

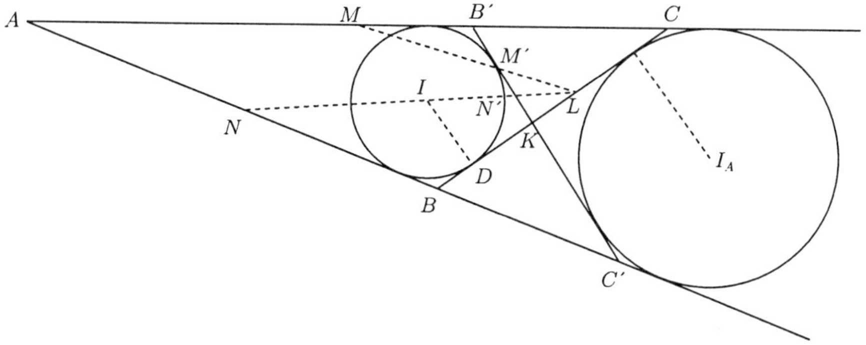


그림 2.13 포이어바흐 정리의 증명

즉,

$$\frac{\overline{BK}}{c} = \frac{\overline{CK}}{b} = \frac{a}{b+c}$$

를 얻고, 이로 인해

$$\overline{BK} = \frac{ac}{b+c}, \qquad \overline{CK} = \frac{ab}{b+c}$$

가 된다. $L$이 $BC$의 중점이므로, 이로부터

$$\overline{LK} = \frac{a|b-c|}{2(b+c)}$$

를 얻게 된다.

$b < c$이면, $B$와 $C$(따라서 또한 $b$와 $c$)의 역할을 단순히 바꾼다. 반면, $b = c$이면 결과는 분명하고, 일반성을 잃지 않고, $b > c$라 가정할 수 있다. $\Delta KLM' \sim \Delta KBC'$이므로,

$$\overline{LM'} : \overline{LK} = \overline{BC'} : \overline{BK}; \quad 즉, \quad \overline{LM'} = \frac{(b-c)^2}{2c}$$

을 얻는데, 여기서

$$\overline{BC'} = \overline{AC'} - \overline{AB} = \overline{AC} - \overline{AB} = b - c$$

인 것을 이용했다. 따라서

$$\overline{LM} \cdot \overline{LM'} = \left(\frac{b-c}{2}\right)^2$$

을 얻는다. 비슷하게, $\Delta KLN' \sim \Delta KCB'$으로부터

$$\overline{LN'} = \frac{(b-c)^2}{2b}$$

을 얻고, 그러므로

$$\overline{LN} \cdot \overline{LN'} = \left(\frac{b-c}{2}\right)^2$$

을 얻는다. 그러나,

$$\overline{LD} = \frac{1}{2}\overline{DE} = \frac{1}{2}(b-c)$$

이고 결과는 증명되었다. □

톨레미-오일러(Ptolemy-Euler) 정리의 다른 증명을 제시하기 전에 반전사상이 길이에 미치는 효과를 서술하는 공식이 필요하다.

**[보조정리 2.1]** $P^*, Q^*$를 $O$에 중심을 두고 반지름이 $r$인 원에 관한 점의 반전점이라 하자. 그러면,

$$\overline{P^*Q^*} = \frac{r^2 \cdot \overline{PQ}}{\overline{OP} \cdot \overline{OQ}} \quad \text{와} \quad \overline{PQ} = \frac{r^2 \cdot \overline{P^*Q^*}}{\overline{OP^*} \cdot \overline{OQ^*}}$$

가 성립한다.

**증명** $\Delta OP^*Q^* \sim \Delta OQP$이므로,

$$\frac{\overline{P^*Q^*}}{\overline{OP}} = \frac{\overline{OP^*}}{\overline{OQ}} = \frac{r^2}{\overline{OP} \cdot \overline{OQ}},$$

즉,

$$\overline{P^*Q^*} = \frac{r^2 \cdot \overline{PQ}}{\overline{OP} \cdot \overline{OQ}}$$

를 얻는다. 앞의 등식에서, $P, Q$가 각각 $P^*, Q^*$의 반전점이므로 두 번째 등호는 첫 번째 것의 즉각적인 결과이다. □

**[정리 2.38 (톨레미-오일러)]** 네 개의 임의의 점 $A, B, C, D$에 대해,

$$\overline{AB} \cdot \overline{CD} + \overline{BC} \cdot \overline{DA} \geq \overline{AC} \cdot \overline{BD}$$

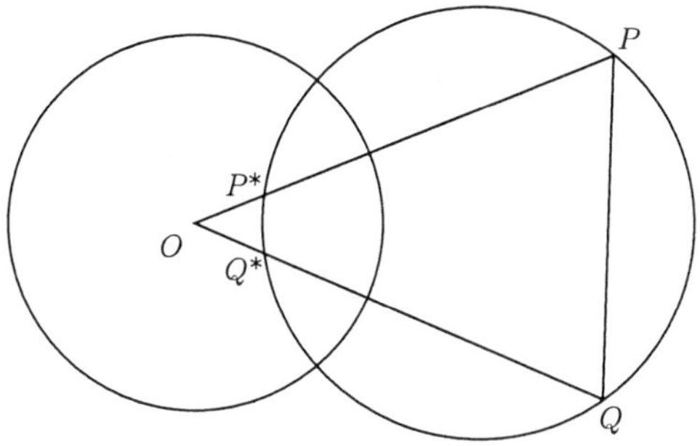


그림 2.14 반전사상과 거리

가 성립한다. 등호가 성립할 필요충분조건은 $A, B, C, D$가 공순환적이고 이 순서로 있는 것이다.

**증명** $D$를 중심으로 갖는 반전사상을 생각하자. 삼각부등식에 의해

$$\overline{A^*B^*} + \overline{B^*C^*} \geq \overline{A^*C^*}$$

를 얻는데, 등호는 $A^*, B^*, C^*$가 공선점이고, 이 순서로 있을 때이다. $A, B, C, D$에 관해, 보조정리 2.1를 이용하면, 이것은

$$\frac{r^2 \cdot \overline{AB}}{\overline{AD} \cdot \overline{BD}} + \frac{r^2 \cdot \overline{BC}}{\overline{BD} \cdot \overline{CD}} \geq \frac{r^2 \cdot \overline{AC}}{\overline{AD} \cdot \overline{CD}},$$

즉,

$$\overline{AB} \cdot \overline{CD} + \overline{BC} \cdot \overline{AD} \geq \overline{AC} \cdot \overline{BD}$$

가 되고, 이 때, 등호가 성립할 필요충분조건은 $A, B, C, D$가 공순환적이고 이 순서대로 있는 것이다. □

## 2.6 삼각형의 면적

$P, Q$와 $R$을 공선점이 아닌 점이라 하자. **삼각형** $PQR$은 세 개의 작은 쪽 선분 $PQ, QR$과 $PR$의 합으로 정의한다. 선분은 삼각형의 **변**이라 부르고 각 변

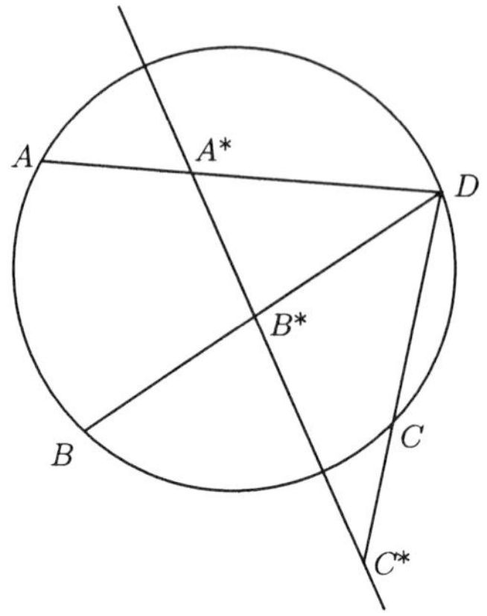


그림 2.15 톨레미-오일러 정리

의 길이는 그것의 양 끝점 사이의 거리와 같다. 삼각형의 내부는 $\mathbb{E}^2$에서와 같이 정의된다.

**참고** 삼각형에 대한 우리들의 정의는 오직 가능한 하나는 아니다. 그러나, 이것은 다음과 같은 성질을 가지고 있기 때문에 이 정의를 가지고 일하기가 가장 쉽다.

i. 세 개의 공선점이 아닌 점은 삼각형을 이룬다.

ii. 모든 삼각형은 적당한 반평면에 놓여 있다.

1.1절과 2.5절에서 살펴 보았듯이 구면은 평면과 국소적 등거리 동치가 아니다. 이는 $\mathbb{S}^2$에서는 성립하지만 다른 어떤 유클리드 원반에서도 성립하지 않는 국소 기하학적 성질을 알아봄으로써 확실하게 알 수 있다. 유클리드 삼각형의 내각의 합이 $\pi$임을 안다. 이에 반해 구면에서는 다음과 같은 성질이 성립한다.

**[정리 2.39 (해리엇(1603))]** 각 $\alpha, \beta, \gamma$를 갖는 구면 삼각형 $\Delta$에서, 함수

$$\text{각초과}\,(\Delta) = \alpha + \beta + \gamma - \pi$$

는 $\Delta$의 면적과 같고, 따라서 양수이다.

**증명** 연습문제로 남긴다. □

위의 정리에서 구면 삼각형의 내각의 합 $\alpha+\beta+\gamma$는 $\pi < \alpha+\beta+\gamma < 3\pi$이고, 이러한 구면 삼각형을 오일러 삼각형이라 한다. 위의 해리엇(Harriot) 정리에 의하면 세 각이 모두 직각인 구면 삼각형이 존재한다.

## 2.7 (단일)타원기하학

구면기하학과 다른 두 기하학 (유클리드기하학과 3장에서 다룰 쌍곡기하학) 사이에는 비슷한 점이 많이 있다. 그러나, 몇 가지 중요한 차이점도 또한 있다. 대원은 분명히 유클리드 직선의 구면 유사이다. 그러나, 두 개의 서로 다른 유클리드 직선은 기껏해야 한 점에서 만나지만, 두 개의 서로 다른 대원은 원점 대칭인 두 점에서 항상 만난다. 그렇다면 그 자신이 $\mathbb{S}^2$는 아니지만 $\mathbb{S}^2$와 국소적으로 같은 그러면서 앞의 이례성을 극복할 수 있는 기하학 모형을 만들 수 있을까? 이제부터 상상의 나래를 활짝 펴 보자. 먼저 구면 $\mathbb{S}^2$의 곡면으로 이루어진 구면 평판면을 상상하라. 더 나아가 이 땅의 거주자들의 각자가 $\mathbb{S}^2$ 위의 원점 대칭 위치를 항상 점유하는 각각이 분리를 인지하지 않고 그 자신을 단일 실체로 생각하는 두 부분으로 이루어졌다고 상상하자. 따라서 그러한 거주자의 임의의 치환은 그들의 반이 구면의 원점대칭이 되는 두 개의 그것의 반의 동시 치환으로 이루어져 있다. 그러한 거주자는 구면 위의 원점대칭점의 쌍을 동일한 위치로 생각한다. 이 창조관점으로부터 모든 두 개의 대원은 두 점처럼 보이는 한 개의 위치에서 만난다. 물론 이 거주자는 대원을 우리가 대원으로 관찰하는 것의 반으로 경험할 것이다. 더욱이, 이 거주자가 삼각형을 따라갈 때 우리는 각각이 다른 것의 원점대칭상인 두 삼각형이 나타남을 볼 것이다. 쉽게 말하면, 이 곡면은 원점대칭사상 $E$에 의해 이루어진 군에 의한 $\mathbb{S}^2$의 상집합이다. 즉, 반구에서 적도의 점들이 원점대칭사상 $E$에 의해 동일화된 곡면이다.

이 구면 평판면의 기하학을 (단일)타원기하학이라 한다. 모든 두 타원점은 유일한 타원직선에 의해 연결될 수 있다는 점에서 유클리드기하학(또는 쌍곡기하학)과 비슷하다. 그러나, 평행 타원직선은 존재하지 않는다. 따라서 타원기하학 또한 그 안에서 플레이페어(Playfair)의 공준(평행선 공준)을 만족하지 못한다는 의미에서 비유클리드기하학이다.

구면과 마찬가지로 타원평면도 그것의 기하학적 성질을 명확히 하는 방법으로 유클리드 평면 위로 사상할 수 있다. 이 경우 알맞은 사상은 중심을 구면의 중심으로 하는 **중심**사영이다. 중심사영은 타원평면의 직선을 평면의 직선으로 보낸다. 이 때 적도 위의 점들에 대한 상은 제공하지 못한다. 이 상을 표현하기 위해 평면에 "무한점"을 더하는 것이 바람직하다. 적도 위의 각각의 원점 대칭점은 상 직선의 "무한 끝점"의 쌍에 대응한다. 원점에 대칭인 두 점을 하나의 점으로 보기 때문에 이 상 직선의 두 끝점을 하나의 "무한점"으로 보는 것이 당연하다.

구면기하학은 (단일) 타원기하학의 적도 위의 점을 원점 대칭상에 의해 일치시킨 후 붙여서 만들어서 나온 것으로 생각하여 **이중타원기하학**이라 부르기도 한다.

3.9절에서 쌍곡기하학의 관점에서 (단일)타원기하학을 다시 살펴 보겠다.

## 생각하는 문제

**1.** 두 개의 대원은 원점에 대칭인 점, 즉 형태 $(x, y, z), (-x, -y, -z)$의 쌍에서 교차함을 증명하라.

**2.** $\mathbb{E}^3$에서 직선 $P + [v]$와 $Q + [w]$가 교차할 필요충분조건은

$$\langle Q - P, v \times w \rangle = 0$$

인 것임을 증명하라.

**3.** 문제 2의 직선이 교차하지 않는다고 가정하자. 그들 사이의 (가장 짧은) 거리를 구하라.

**4.** 정리 2.3을 증명하라.

**5.** $\mathbb{S}^2$의 주어진 세 점 $P, Q, R$에 대해 $P, Q$와 $R$이 공선점이 되는지 안되는지를 결정하기 위해 취해야 할 계산은 무엇인가? 그것을 점

$$\begin{pmatrix} \frac{1}{\sqrt{2}} \\ 0 \\ \frac{1}{\sqrt{2}} \end{pmatrix}, \quad \begin{pmatrix} \frac{1}{\sqrt{5}} \\ \frac{2}{\sqrt{5}} \\ 0 \end{pmatrix} \quad \text{와} \quad \begin{pmatrix} 0 \\ \frac{-2}{\sqrt{5}} \\ \frac{1}{\sqrt{5}} \end{pmatrix}$$

에 적용하라.

**6.** $P$와 $Q$를 $\mathbb{S}^2$의 서로 다른 점이라 하자.

$$\{X \in \mathbb{S}^2 \mid d_s(X, P) = d_s(X, Q)\}$$

가 직선임을 보이고 그것의 극에 대한 표현을 구하라.

**7.** 정리 2.6의 명제 (i)-(iii)을 증명하라.

**8.** 정리 2.8을 증명하라.

**9.** 정리 2.9를 증명하라. 특히, 다음을 증명하라.

i. $\xi$가 $\ell$의 극일 때, $m$의 극은 $\pm\dfrac{\xi \times P}{|\xi \times P|}$이다.

ii. 교점은

$$\pm\frac{P - \langle P, \xi\rangle\xi}{(1 - \langle P, \xi\rangle^2)^{\frac{1}{2}}}$$

이다.

iii. $P$로부터 $\ell$까지의 거리는

$$\cos^{-1}(\pm(1 - \langle P, \xi\rangle)^{\frac{1}{2}})$$

이다.

**10.** 정리 2.11 (i)과 정리 2.12를 증명하라.

**11.** 정리 2.14와 정리 2.15는 유클리드기하학인 경우에 사용되었던 것과 똑같은 계산에 의해 증명될 수 있음을 보여라.

**12.** 정리 2.20을 증명하라.

**13.** $\mathbb{S}^2$의 등거리변환은 공선성을 보존함을 증명하라.

**14.** 등거리변환의 고정점에 관한 정리 2.26을 증명하라.

**15.** 등거리변환의 불변선에 관한 정리 2.27과 2.28을 증명하라.

**16.** $\mathbb{S}^2$의 등거리변환이 $P$를 고정하고 $Q$를 $-Q$로 보낸다면, $\langle P, Q\rangle = 0$임을 보여라.

**17.** $P = (1,1,0)$과 $Q = (3,2,1)$을 $\mathbb{E}^3$의 점이라 하자. $X = \dfrac{P}{|P|}$, $Y = \dfrac{Q}{|Q|}$라 하자.

i. $X$의 하나의 원소로, $\overleftrightarrow{XY}$의 극을 다른 하나로 갖는 정규직교기저를 구하라.

ii. 이 기저에 관한 ($\mathbb{S}^2$의 등거리변환으로서) $H_X$와 $H_Y$의 행렬을 계산하라.

**18.** $\alpha^4 = I$를 만족하는 $\mathbb{S}^2$의 등거리변환 $\alpha$를 분류하라. (등거리변환, 합동과 직교변환은 근본적으로 같은 것이라는 사실을 사용할 수 있다.)

**19.** $\alpha^2 = I$이지만 $\alpha \neq I$인 $\mathbb{S}^2$의 모든 등거리변환 $\alpha$를 구하라. 그러한 등거리변환을 **대합**이라 부른다. $\alpha$와 $\beta$가 대합이라면 $\alpha\beta$도 대합인가?

**20.** $P$를 $\mathbb{S}^2$의 점이라 하고, $\ell$을 $\mathbb{S}^2$의 직선이라 하자.

$$(\Omega_\ell H_P)^2 = I$$

일 필요충분조건은 $P$가 $\ell$의 극이거나 $P \in \ell$인 것이다.

**21.** $\ell \perp m$이고 $m \perp n$이라면 $\Omega_\ell \Omega_m \Omega_n$은 무엇인가?

**22.** 반회전에 관한 다음 식을 증명하라.

$$H_P X = 2\langle X, P\rangle P - X.$$

**23.** 고정점이 없는 세 개의 반사변환의 곱을 구하라.

**24.** 오일러 정리를 사용하지 말고 두 개의 회전변환의 곱이 회전변환임을 보여라.

**25.** $\gamma$를 미끄럼 반사변환이라 하자. $\gamma$가 반사변환 또는 $\gamma = E$가 아니라면 $\gamma E$는 정확히 두 개의 (원점 대칭) 고정점을 가짐을 증명하라.

**26.** 어떠한 조건에서 반사변환과 반회전이 교환되는가?

**27.** 정리 2.32를 증명하라.

**28.** 식

$$H_P H_Q H_R = H_R H_Q H_P$$

를 증명하거나 반례를 들어라.

**29.** 주어진 각이 여러 가지 방법으로 표현될 수 있을 지라도 그것의 래디안 측도의 정의는 그 표현에 독립적임을 증명하라.

**30.** 정리 2.10의 증명에서 빠진 논의를 채워라.

**31.** $P, Q$와 $R$을 $\mathbb{S}^2$의 서로 다른 점이라 하자. $Q$와 $R$이 모두 $P$에 원점대칭이 아니라고 하자. $\overrightarrow{PQ} = \overrightarrow{PR}$일 필요충분조건은 $P, Q, R$이 공선점이고, $Q$가 $PR$ 위에 있거나, $R$이 $PQ$ 위에 놓여 있는 것임을 증명하라. ($PR$과 $PQ$는 작은쪽 선분으로 택한다.)

**32.** $\{X \mid \langle X, \xi\rangle \geq 0\}$은 반직선임을 밝혀라. 횡단막대 정리가 $\mathbb{S}^2$에서 유효한가?

**33.** 선분(또는 반직선)의 등거리변환 상도 선분 (또는 반직선)임을 보여라.

**34.** $P$와 $Q$를 $\mathbb{S}^2$의 점이라 하자. 그러면 그것들을 서로 교환하는 유일한 반사변환이 존재함을 증명하라.

**35.** $\mathfrak{s}$를 선분이라 하자. $\mathfrak{s}$의 **이등분선**은 $\Omega_\ell$이 $\mathfrak{s}$의 양 끝점을 서로 교환하는 유일한 직선 $\ell$이다. 또한 $\mathfrak{s}$의 **수직이등분선**은 $\mathfrak{s}$가 놓여 있는 직선에 수직인 직선으로 정의한다. 선분의 수직이등분선은 그것의 양 끝점으로부터 같은 거리에 있는 $\mathbb{S}^2$의 모든 점의 집합임을 증명하라.

**36.** 주어진 직선의 쌍을 서로 교환하는 정확히 두 개의 반사변환이 있음을 보여라.

**37.** 임의의 각에 대해 그것의 팔을 교환하는 유일한 반사변환이 존재함을 밝혀라.

**38.** $P$와 $Q$를 직선 $\ell$ 위의 점이라 하자. 그러면 $P$를 $Q$로 보내는 $\ell$을 따른 평행이동이 정확히 하나 존재함을 증명하라.

**39.** $P, Q, P'$과 $Q'$을 직선 $\ell$ 위에 놓여 있는 (반드시 서로 다르지는 않은) 점이라 하자. $d(P, P') = d(Q, Q')$이라 가정하자. 그러면, $TP = P'$이고, $TP' = Q'$이 되는 등거리변환 $T$가 존재함을 보여라.

**40.** 두 선분이 합동일 필요충분조건은 같은 길이를 갖는 것임을 증명하라.

**41.** 삼각형의 세 변의 수직이등분선은 공점임을 증명하라.

**42.** (a) 실축에 관한 반사변환 $w = T(z) = \bar{z}$는 뫼비우스 변환인가?

(b) 단위원에 관한 반전사상에 대해서는 어떤가?

**43.** 단위원에 관한 반전사상에서

(a) 직선 $y = x$

(b) 직선 $x = 1$

(c) 원 $|z - 2| = 1$

(d) 원 $|z-2|=2$

의 상을 구하라.

**44.** 반전사상은 대칭을 보존하는가?

**45.** 두 반전사상의 합성은 반전사상인가? 그것은 뫼비우스 변환인가?

**46.** 직선 $\ell$과 $A$가 중심인 원 $C$가 주어질 때, $B$를 직선 $\ell$에 관해 $A$에 대칭인 점이라 하고, $B^*$를 원 $C$에 관한 $B$의 반전사상이라 하자. $B^*$는 원 $C$에 관한 직선 $\ell$의 반전인 원의 중심임을 보여라.

**47.** (a) 직선과 원이 주어질 때, 하나를 다른 하나로 사상하는 반전사상이 존재함을 보여라.

(b) 직선과 원 대신에 한쌍의 원을 이용해 같은 문제를 풀어라.

**48.** 한쌍의 교차하지 않는 원 $C_1$과 $C_2$가 주어질 때, $C_1$과 $C_2$를 한쌍의 동심원으로 사상하는 반전사상이 존재함을 증명하라.

**49.** 구면기하학에서도 아핀기하학에서 성립하는 두 삼각형의 합동에 대한

i. SSS 정리, SAS 정리가 성립하고,

ii. 여기에 덧붙여 AAA 정리 —대응하는 세 각이 같은 삼각형은 합동이다.— 가 성립하며,

iii. 두 각이 합동일 필요충분조건은 두 각이 같은 래디안 측도를 가지는 것임을 증명하라.

**50.** 구면 $\mathbb{S}^2$ 위의 곡선 $\gamma$가 $t \in \mathbb{R}$에 의해 매개변수화되었다 하자. 그러면 $\gamma$의 길이는 다음과 같이 주어진다.

$$l_s(\gamma) = \int_a^b \frac{2|z'(t)|}{1+|z(t)|^2}\,dt.$$

또한 $\mathbb{S}^2$ 위의 임의의 평면 영역 $\Phi$의 넓이는

$$\text{area}_s(\Phi) = \iint_\Phi \frac{4r\,dr\,d\vartheta}{(1+r^2)^2}$$

로 주어진다. 이 두 정의는 뫼비우스 변환 (2.7)에서 불변이다.

i. 구면거리에 관한 식 (2.1)의 정의와 위의 정의가 동치임을 밝혀라.

ii. 이 식을 이용해 $\mathbb{S}^2$ 위의 대원의 길이를 구해 보고, 이것을 식 (2.1)에 의해 구한 것과 비교해 보라.

iii. 구면반지름 $r$을 갖는 구면원 $C$의 원주의 구면길이는 $l_s(C) = 2\pi \sin r$과 같음을 보여라.

iv. $\mathbb{S}^2$ 위의 두 개의 대원이 $\alpha$의 각을 이루면서 만드는 영역의 넓이를 구하라.

v. 타원평면의 면적과 $\mathbb{S}^2$의 면적을 구하라.

vi. $\Phi$가 구면 반지름 $r$을 가진 원형 원반이라면, 그것의 구면 면적은 $\text{area}_s(\Phi) = 4\pi \sin^2 \frac{1}{2} r$임을 보여라.

vii. 정리 2.39를 증명하라. 특히 이 양은 면적의 고전적인 성질 —가법성과 구면운동과 대칭사상에 관한 불변성— 을 가짐을 밝혀라.

**51.** 구면 직선에 관한 반전사상을 구면 대칭사상이라 부른다. 구면 대칭사상은 허 단위원을 불변시킨다. 그것은 구면 직선을 구면 직선으로 사상하고, 두 점의 구면 거리 $D(z_1, z_2)$를 불변시킨다.

**52.** 주어진 구면 선분 $(z_1, z_2)$에 대해, 이것의 구면 합동 선분을, 0이 하나의 끝점이고 다른 하나는 양의 실축에 놓이도록 하는 표준위치에서, 기하학적 구성에 의해 찾아라. 같은 방법으로 주어진 삼각형에 대해, 이것의 구면 합동 삼각형이 표준 위치에 있도록 찾아라.

**53.** 구면 거리 $D$가

(i) 구면 운동에 의해 불변이고,

(ii) 음수가 아니며,

(iii) 한 반구 위의 모든 구면 직선에서 가법적이면,

양의 인자를 고려할 때, $D$의 유일성이 성립함을 증명하라. 이 문제는 $D(z_1, z_2) = \phi[f_1(z_1, z_2)]$를 만족하는 함수 $\phi(u)$에 대한 함수 방정식

$$\phi\left(\frac{x_1 - x_2}{1 + x_1 x_2}\right) = \phi(x_1) - \phi(x_2)$$

의 논의로 축소될 수 있다.

**54.** (구면 직선 $\mathfrak{l}$에 수직인 구면 직선을 따라 측정된) $\mathfrak{l}$로부터의 상수 구면 거리 $d$를 갖는 모든 점의 자취는 원 $\mathfrak{C}$의 쌍이다. 이 원들의 중심과 반지름을 $d$의 함수로서 구하라.

**55.** 세 각의 합이 $\pi$와 $3\pi$ 사이에 존재하며 각각의 각이 모두 $\pi$보다 작은 세 (양의) 각 $\alpha, \beta, \gamma$는 항상 구면 운동 또는 대칭사상까지 고려하여 오일러 삼각형을 유일하게 정의함을 보여라. 이것은 주어진 각을 갖는 모든 오일러 삼각형은 같은 각을 갖는 모든 다른 삼각형과 합동 또는 대칭임을 의미한다.

**56. 타원기하학의 사영모형에서의 거리.** 북극에서 구와 접하는 사영 평면 $\Pi$에서 $\mathbf{Q}$를 구 위의 점 $\mathbf{P}(\xi, \eta, \zeta)$의 상이라 하자. $\xi, \eta, \zeta$를 조건 $\xi^2 + \eta^2 + \zeta^2 = 1$에 의해 표준화된 $\mathbf{Q}$의 동차좌표로 택할 수 있다. 벡터 대수로부터, 두 점 $\mathbf{Q}_1(\xi_1, \eta_1, \zeta_1), \mathbf{Q}_2(\xi_2, \eta_2, \zeta_2)$의 스칼라곱

$$(\mathbf{Q}_1\mathbf{Q}_2) = \xi_1\xi_2 + \eta_1\eta_2 + \zeta_1\zeta_2$$

는 $\mathbf{O}$에 관한 구의 회전변환들에 관한 유일한 두 점 불변이라는 것이 알려져 있다. 그러므로 $\Pi$의 두 점 $\mathbf{Q}_1, \mathbf{Q}_2$의 타원 거리는, $\phi(u)$가 $u$의 음이 아닌 연속 단조 함수일 때, 형태

$$D(\mathbf{Q}_1, \mathbf{Q}_2) = \phi[(\mathbf{Q}_1\mathbf{Q}_2)]$$

로 표현될 수 있다. 평면 $\Pi$에서 두 점 $(X_1, Y_1, 1)$과 $(X_2, Y_2, 1)$ 사이의 타원 거리는 완비평면의 두 대응점 $z_1, z_2$의 구면 거리 $D(z_1, z_2)$나 두 벡터 $\overrightarrow{OP_1}$, $\overrightarrow{OP_2}$ 사이의 각 $\omega_{12}$에 의해 측정된다. 그런 까닭에

$$\cos\omega_{12} = \xi_1\xi_2 + \eta_1\eta_2 + \zeta_1\zeta_2 = \frac{X_1X_2 + Y_1Y_2 + 1}{\sqrt{X_1^2 + Y_1^2 + 1}\sqrt{X_2^2 + Y_2^2 + 1}} \tag{2.8}$$

로부터 거리가 얻어진다. 따라서

$$(\mathbf{Q}_1\mathbf{Q}_2)^2 \le 1$$

이 성립하는데 이는 또한 코시-슈바르츠 부등식

$$(\mathbf{Q}_1\mathbf{Q}_2)^2 \le (\mathbf{Q}_1\mathbf{Q}_1)(\mathbf{Q}_2\mathbf{Q}_2)$$

의 결과이다.

$D$의 가법성은, 구면 직선 위의 세 점 $\mathbf{Q}_1, \mathbf{Q}_2, \mathbf{Q}_3$에 대해 이 순서대로 관계

$$\phi[(\mathbf{Q}_1\mathbf{Q}_2)] + \phi[(\mathbf{Q}_2\mathbf{Q}_3)] = \phi[(\mathbf{Q}_1\mathbf{Q}_3)] \tag{2.9}$$

을 유도한다. 불변성에 의해 이 직선이 실축이고,

$$\begin{aligned}
\mathbf{Q}_2 &: \ \xi_2 = 0, \quad \eta_2 = 0, \quad \zeta_2 = 1 \\
\mathbf{Q}_1 &: \ \xi_1 < 0, \quad \eta_1 = 0, \quad \zeta_1 = \sqrt{1-\xi_1^2} \\
\mathbf{Q}_3 &: \ \xi_3 > 0, \quad \eta_3 = 0, \quad \zeta_3 = \sqrt{1-\xi_3^2}
\end{aligned}$$

이라 가정할 수 있다. 따라서 (2.9)에 의해,

$$\phi\left[\sqrt{1-\xi_1^2}\right] + \phi\left[\sqrt{1-\xi_3^2}\right] = \phi\left[\xi_1\xi_3 + \sqrt{1-\xi_1^2}\sqrt{1-\xi_3^2}\right],$$

또는

$$\begin{aligned}
1-\xi_1^2 &= u^2, \quad \xi_1 = -\sqrt{1-u^2} \\
1-\xi_3^2 &= v^2, \quad \xi_3 = \sqrt{1-v^2}
\end{aligned}$$

이면,

$$\phi(u) + \phi(v) = \phi\left[uv - \sqrt{1-u^2}\sqrt{1-v^2}\right]$$

이다. 구간 $-1 < u < 1$에서 양수이고 단조 감소인 이 함수 방정식의 유일한 연속해 $\phi(u)$는, $c$가 양수일 때, $c\cos^{-1}u$로 알려져 있다.

# 3. 쌍곡기하학

역사적으로 말하면, 쌍곡평면은 비유클리드 평면 —끝이 없는(무계인) 직선과, 각각의 직선 $\ell$과 점 $P \in \ell$에 대해 $\ell$과 만나지 않는 $P$를 지나는 직선 $\ell'$이 적어도 한 개 있는 곡면— 을 탐색하는 한 결과이다. 그러한 곡면은 구면과는 반대의 방법으로 유클리드 평면으로부터 떨어져 나왔다. (구면에서는 위의 성질을 갖는 직선 $\ell'$이 하나도 없다.) 쌍곡기하학의 모형에는 여기서 다루는 것 외에 의구모형과 클라인의 모형이 있다. 이것에 관해서는 다른 책을 참고하기 바란다.

## 3.1 쌍곡평면

$x$-축으로 무한히 갈수록 온도가 내려가는 데카르트 좌표를 가진 2차원 우주를 생각하자. 더욱이 이 우주의 물체가 $x$-축에 접근함에 따라 기온이 내려가 이 물체를 작아지게 한다고 상상하자. 따라서 이 이상한 나라의 거주자는 $P(0,1)$에서 $P'(1,1)$로의 수평직선을 따라 걷는 것이 $Q(0,0.5)$에서 $Q'(1,0.5)$로의 수평직선을 따라 걷는 것보다 시간이 적게 든다는 것을 알게 될 것이다(그림 3.1). 이 나라의 줄자는 위치의 좌표가 작아지는 만큼 작아지기 때문에 이 관찰은 전혀 이상하지가 않을 것이다. 만약 외부 관찰자가 볼 때 이 축소가 주어진 물체의 길이가 $x$-축으로부터의 거리에 반비례한다면 거주자는 $P$에서 $P'$까지 걷는 것은 $Q$에서 $Q'$까지 걷는 시간의 반이 걸리고 $R(0,0.1)$에서 $R'(1,0.1)$까지 걷는 시간의 $\dfrac{1}{10}$이 걸림을 알게 될 것이다.

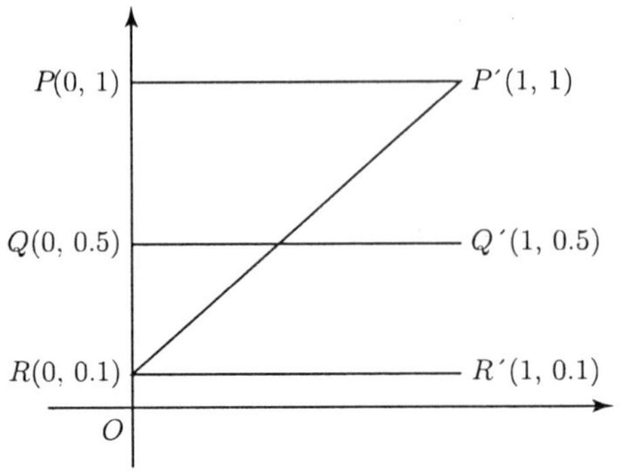


그림 3.1 $PP'$의 쌍곡길이 $<$ $RR'$의 쌍곡길이

나중에 보겠지만 $x$-축의 특성은 아래반평면과 위반평면 사이에 어떠한 대화도 불가능하게 만든다는 것이다. 결과적으로 우리의 관심을 위반평면에 제한하고 이것을 **쌍곡평면** $\mathbb{H}$라 한다. 이것은 또한 **푸앵카레 위반평면**으로 알려져 있다. 쌍곡평면과 유클리드 평면을 구별하는 것은 주변공간이 아니라 이 공통 주변공간에서 길이(거리)를 재는 방법임을 인지하는 것은 매우 중요하다. 대강 말해서 앞에서 말한 **쌍곡길이**(또는 **쌍곡거리**)는 비율상수를 1로 택하여

$$\text{쌍곡길이} = \frac{\text{유클리드 길이}}{y}$$

로 정의한다. 이것을 쌍곡길이의 공식정의로 채택하는 것은 문제가 있음을 여러분에게 경고한다. 실제로 이것은 $P$에서 $P'$을 잇는 수평선분의 쌍곡길이는 $\dfrac{1}{1} = 1$이고 $R$에서 $R'$을 잇는 수평선분의 쌍곡길이는 $\dfrac{1}{0.1} = 10$임을 말해준다. 그러나, 이 식은, 예를 들어 $R$에서 $P$ 또는 $P'$을 잇는 선분의 쌍곡길이를 계산하는 즉각적인 방법을 제공해 주지 못한다. 이 직선을 다루기 위해서는 극소미분을 이용해야 한다. $P(x, y)$, $Q(x + dx, y)$와 $R(x + dx, y + dy)$를 **극소삼각형**이라 하자. 극소선분 $PR$의 유클리드 길이는 물론

$$PR\text{의 유클리드 길이} = \sqrt{dx^2 + dy^2}$$

이다. 이에 따라, 극소선분 $PR$의 쌍곡길이를

$$PR\text{의 쌍곡길이} = \frac{\sqrt{dx^2 + dy^2}}{y} \tag{3.1}$$

으로 다시 대강 정의한다. 이 정의는 쌍곡길이의 계산을 미적분학의 계산으로 만들어 준다. 예를 들어, $R$과 $P$를 잇는 선분을 따라서는 $dx \equiv 0$이고, 따라서

$$\begin{aligned} RP\text{의 쌍곡길이} &= \int_{0.1}^{1} \frac{dy}{y} = \ln 1 - \ln 0.1 \\ &= \ln 10 \approx 2.303 \end{aligned}$$

을 얻는다. 사선 $RP'$을 생각해 보면, 이 직선의 방정식은

$$y - 0.1 = \frac{1-0.1}{1-0}(x-0),$$

즉,

$$y = 0.9x + 0.1$$

이다. 미분하면

$$dy = 0.9dx$$

를 얻는다. $y$와 $dy$의 이 값을 식 (3.1)에 대입하고 $RP'$을 따라 극소선분들의 쌍곡길이들을 더하기 위해 적분을 하면

$$\begin{aligned} RP'\text{의 쌍곡길이} &= \int_0^1 \frac{\sqrt{dx^2 + (0.9dx)^2}}{0.9x + 0.1} \\ &= \sqrt{1.81} \int_0^1 \frac{dx}{0.9x+0.1} = \frac{\sqrt{1.81}}{0.9} \left[\ln(0.9x+0.1)\right]_0^1 \\ &\approx 3.442 \end{aligned}$$

를 얻는다. 따라서 식 (3.1)은 임의의 곡선의 쌍곡길이를 정적분으로 표현하는 좋은 방법을 우리에게 제공해 주게 된다. 임의의 곡선 $\gamma$의 **쌍곡길이**를 표현

$$d_h(\gamma) = \int_\gamma \frac{\sqrt{dx^2 + dy^2}}{y} \tag{3.2}$$

으로 정의한다. 예를 들어 점 $(2,4)$와 $(3,9)$를 잇는 포물선 $y = x^2$의 일부의 쌍곡길이는

$$\int_2^3 \frac{\sqrt{dx^2 + (2xdx)^2}}{x^2} = \int_2^3 \frac{\sqrt{1+4x^2}}{x^2} dx$$

이다. 이 적분은 계산하기 쉽지는 않지만 심프슨(Simpson) 법칙에 의해 적당한 정확성을 보장하면서 계산될 수 있다. 따라서 실제로 쌍곡평면 위의 임의의 곡선의 쌍곡길이를 계산하는 방법을 갖게 되었다.

**[정리 3.1]** $\Gamma$를 중심이 $C(c,0)$이고 반지름이 $r$인 유클리드 원이라 하자. $P$와 $Q$를 양의 $x$-축과 반지름 $CP$와 $CQ$가 (유클리드) 각 $\alpha$와 $\beta$ $(\alpha < \beta)$를 각각 이루는 $\Gamma$ 위의 점이라 하자. 그러면

$$\text{호 } PQ\text{의 쌍곡길이} = \ln \frac{\csc\beta - \cot\beta}{\csc\alpha - \cot\alpha}$$

이다.

위의 정리는 $x$-축에 중심을 둔 원호의 쌍곡길이는 호의 양 끝점을 지나는 반지름이 양의 $x$-축에 대한 기울기에만 의존함을 말한다. 따라서 다음의 정리가 성립한다.

**[따름정리 3.1]** $PQ$와 $P'Q'$이 $x$-축 위에서 같은 중심 $C$를 갖는 유클리드 원들의 호이고 각각의 세 짝 $C, P, P'$과 $C, Q, Q'$이 공선점이라면, 두 개의 호 $PQ$와 $P'Q'$은 같은 쌍곡길이를 갖는다.

수직 직선의 쌍곡길이도 식 (3.2)에 의해 쉽게 계산된다. 이의 계산은 여러분에게 맡긴다.

**[따름정리 3.2]** 점 $P(a, y_1)$과 $Q(a, y_2)$ $(0 < y_1 \le y_2)$를 잇는 유클리드 선분의 쌍곡길이는

$$\ln \frac{y_2}{y_1}$$

이다.

앞에서 계산했듯이, 선분 $PP', RP$와 $RP'$의 쌍곡길이는 각각 1, 2.303과 3.442이다.

$$3.442 > 1 + 2.303 = 3.303$$

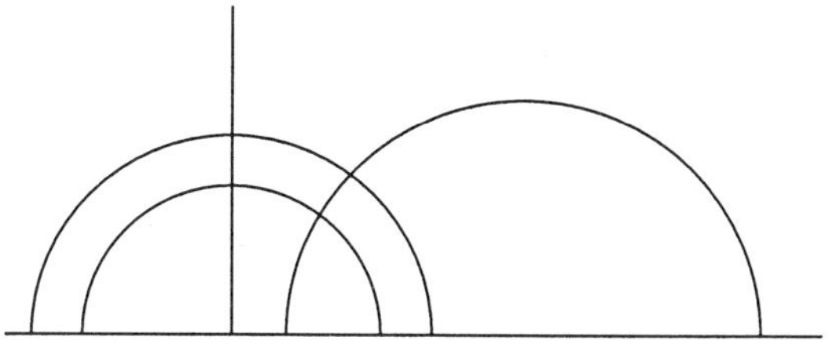

그림 3.2 위반평면 위에서의 측지선

이므로 쌍곡평면에서 두 점을 잇는 유클리드 직선은 두 점 사이에서의 가장 가까운 쌍곡거리가 되지 못함을 알게 된다. 물론 이것은 쌍곡평면에서 주어진 점들의 쌍을 잇는 모든 곡선 중 쌍곡길이가 가장 짧은 곡선을 구별하는 매우 자연적인 문제를 제시한다. 그러한 곡선을 **측지선**($\mathbb{H}$-직선)이라 하는데 이것의 구별이 가능하다는 것은 놀랄만하고, 고맙게도 상당히 쉽다.

**[정리 3.2]** 쌍곡평면의 측지선은

i. $x$-축 위에 중심을 둔 유클리드 반원의 호이거나,

ii. $x$-축과 직교하는 유클리드 직선의 선분이다.

**증명** 각각의 경우에서 쌍곡길이를 계산하고 정리 3.1을 이용하라. □

$x$-축 위에 중심을 두고 위반평면에 놓여 있는 유클리드 반원을 **측지선** 또는 **쌍곡직선**이라 부른다. 위반평면에 놓여 있는 $x$-축과 직교하는 유클리드 반직선도 같은 이름으로 부른다.

위반평면의 임의의 두 점은 측지선에 의해 연결될 수 있다. $d_h(P,Q)$로 계산되는 점 $P$와 $Q$ 사이의 **쌍곡길이**는 그들을 잇는 측지선의 쌍곡길이이다.

유클리드 원은 만나지 않거나, 한 점에서 만나거나 또는 두 점에서 만난다. 두 점에서 만나는 중심이 실축상에 있는 두 원은 하나의 교점을 실축의 위쪽에 다른 하나는 아래쪽에 갖는다. 따라서 위반평면에서는 그들은 오직 하나의 교점을 갖는다. 비슷하게 실축에 중심을 둔 원과 수직 선분은 많아야 한 개의 교

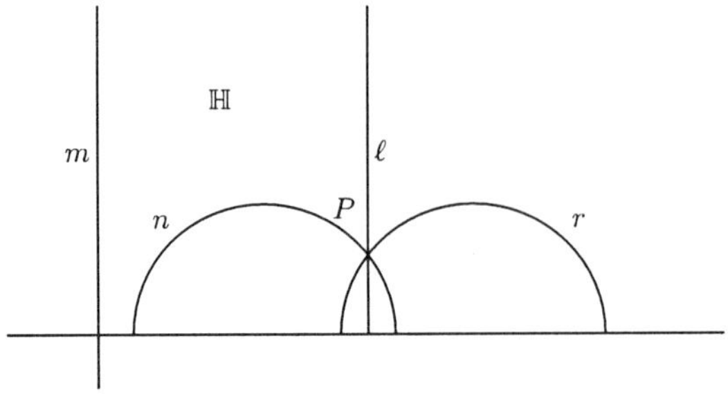


그림 3.3 위반평면상의 교점

점을 갖는다. 따라서 임의의 두 측지선은 만나지 않거나 한 점에서 만난다(그림 3.3).

지금까지는 평면에서 새로운 길이를 정의했고, 그것의 "직선"이 무엇인지 알았다. 이제 이 새로운 기하학에서 각의 측도를 알아 보자. 유클리드의 용어를 쓰면, 각은 그것의 변으로서 임의의 곡선을 허용한다. 그러한 각의 유클리드 측도는 각을 이루는 변들의 꼭지점에서의 두 접선에 의해 이루어지는 각의 일반적 측도로 정의된다. 이 더 일반적인 개념에서 합동이 아닌 각들이 같은 측도를 가질 수 있는 경우가 쉽게 생겨날 수 있다. 실제로, 한 변이 $x$-축이고 다른 한 변이 $y = x^n$ $(n = 2, 3, \cdots,)$인 원점에서의 모든 각은 같은 각측도 0을 갖는다. 쌍곡길이와 측지선에 반해, **각의 쌍곡측도**를 정의하는 것은 의외로 쉽다. 각의 쌍곡측도는 그것의 유클리드 측도와 같다. 여러분이 이 정의가 너무 쉽다고 느꼈다면, 그것은 맞다. 사실은 기하학적 측도는 임의로 정의될 수 없다. 그것은 유클리드의 공통 관념에서 명시된 성질을 가져야 한다. 더욱이, 측지선분의 길이와 (측지선분에 의해 이루어지는) 직선각의 측도에 대해서는 같은 측도를 갖는다면 합동이 됨을 예측할 수 있다. 즉, 동일한 길이를 갖는 측지선분들은 합동이고, 같은 측도를 갖는 직선각에 대해서도 마찬가지이어야 한다(문제 10).

## 3.2 유클리드기하학 대 쌍곡기하학

기하학의 역사에서 살펴 본 유클리드의 처음 네 개의 공준은 쌍곡기하학에서도 역시 성립하지만 평행공준은 성립하지 않는다. 여기서 이것들을 다시 살펴 보자.

**공준 1.** 임의의 서로 다른 두 점을 지나는 직선 $\ell$이 유일하게 존재한다 —정리 3.2의 다음 부분에서 보장되었다.

**공준 2.** 임의의 직선 안에 유한 선분을 연속하게 잡을 수 있다.

**공준 3.** 중심이 있고 반지름이 있는 원이 존재한다.

그러나 다음 정리는 약간 의외로 받아들여질 것이다. 증명없이 제시하겠다.

**[정리 3.3]** 위반평면에서 모든 유클리드 원은 또한 쌍곡원이다.

**[정리 3.4]** 원이 유클리드 중심 $(h, k)$와 유클리드 반지름 $r$을 갖는다면 그것은 쌍곡 중심 $(H, K)$와 쌍곡반지름 $R$을 갖는다. 여기서

$$H = h, \quad K = \sqrt{k^2 - r^2}, \quad R = \frac{1}{2} \ln \frac{k + r}{k - r}$$

이고,

$$h = H, \quad k = K \cosh R, \quad r = K \sinh R$$

로 주어진다.

**[따름정리 3.3]** 모든 쌍곡원은 또한 유클리드 원이다.

이제 나머지 두 개의 공준을 살펴보자.

**공준 4.** 모든 직각은 서로 같다.

**공준 5.** 주어진 직선 $m$과 $m$ 위에 있지 않은 점 $P$에 대해 $P$를 지나 $m$과 평행한 유일한 직선이 존재한다.

두 개의 만나지 않는 측지선을 **평행하다고** 정의한다면 공준 5는 위반평면에서는 성립하지 않음을 알 수 있다. 실제로, 그림 3.3의 측지선 $\ell, n, r$은 모두 $P$를 지나고 측지선 $m$과 평행이다.

## 3.3 반평면 모형과 등각 원반 모형

쌍곡평면을 $\mathbb{H}$로 연구하는 것은 $\mathbb{S}^2$를 그것의 입체사영상 $\mathbb{C} \cup \{\infty\}$로 연구하는 것과 같다. 다만 이때 $\mathbb{H}$로 후퇴사상시킬 "실제" 쌍곡평면이 없다는 것을 제외하고는 말이다. 거리함수

$$ds_h = \frac{\sqrt{dx^2 + dy^2}}{y}$$

을 가진 $\mathbb{H}$를 **쌍곡평면**이라 한다. 물론 다른 것도 그렇게 될 수 있지만 $\mathbb{H}$와 등거리 동치인 곡면은 같은 이름을 가질 수 있으므로 이 $\mathbb{H}$를 **쌍곡평면의 모형**으로 부른다. 실제로, 보통 사용하는 쌍곡평면에는 여러 가지가 있는데 특별한 하나는 $\mathbb{H}$를 잘 보완하는 단위원반인 $\mathbb{D}$−모형이다. 이 절의 끝에서 $\mathbb{H}$의 몇 가지 불편한 특징을 제시한 후 $\mathbb{D}$-모형(푸앵카레 모형)을 소개하겠다.

국소거리함수

$$ds_h = \frac{\sqrt{dx^2 + dy^2}}{y}$$

이 주어진 $\mathbb{H}$를 $\mathbb{H}$-모형이라 정의한다. $\mathbb{H}$와 $\mathbb{R}^2$는, 등거리 동치는 아닐 수 있지만, 분명히 **위상동형**이다. $\mathbb{H}$에서의 **극소거리**

$$ds_h = \frac{\sqrt{dx^2 + dy^2}}{y}$$

은 단지 유클리드 거리 $\sqrt{dx^2 + dy^2}$을 $y$로 나눈 것이므로 둘 사이의 비는 방향에 관계없이 상수이다. 이것은 극소삼각형의 변길이의 비에 의해 결정되는 각은 어느 거리함수에 의해 계산되더라도 같다는 것을 말한다. 이제 $\mathbb{H}$의 또 다른 성질을 찾기 위해서는 등거리변환의 성질로부터 기하학을 유도하는 클라인(Klein)의 프로그램을 이용해야 한다.

**[정의 3.1]** 사상 $T : \mathbb{H} \to \mathbb{H}$가 모든 $x, y \in \mathbb{H}$에 대해

$$d_h(Tx, Ty) = d_h(x, y)$$

를 만족하면 **등거리변환**이라 부른다.

$\mathbb{E}^2, \mathbb{S}^2$에서와 마찬가지로 $\mathbb{H}$-등거리변환은 **공선성**을 보존한다. 특히 다음을 얻는다.

**[정리 3.5]** $T$를 $\mathbb{H}$-등거리변환이라 하자. 그러면 $\mathbb{H}$의 서로 다른 세 점 $P, Q$와 $R$이 공선점이기 위한 필요충분조건은 $TP, TQ$와 $TR$이 공선점인 것이다.

**증명** 연습문제로 남긴다. □

$\mathbb{H}$-등거리변환은 $z = x + iy$의 함수인 복소함수로 간단하게 표현된다. $z$에 관해서는 극소거리

$$ds_h = \frac{\sqrt{dx^2 + dy^2}}{y}$$

은

$$ds_h = \frac{|dz|}{\Im z}$$

이고, $ds$를 불변하게 하는 $\mathbb{H} \to \mathbb{H}$로의 함수 중 몇 가지는 다음과 같다.

(i) $\tau_\alpha(z) = \alpha + z \qquad (\alpha \in \mathbb{R})$

(ii) $d_\varrho(z) = \varrho z \qquad (\varrho \in \mathbb{R}^+)$와

(iii) $\Omega_{OY}(z) = -\bar{z}$ ($y-$축에 관한 반사변환).

이 세 가지 형태의 변환을 하나로 통합한 일반적인 형태의 뫼비우스 변환은

$$w = \frac{az + b}{cz + d} \qquad (a, b, c, d \in \mathbb{R}, \quad ad - bc > 0)$$

이고, 이 변환에서 $\mathbb{H}$-거리

$$ds_h = \frac{|dz|}{\Im z}$$

는 불변이다. (증명은 여러분에게 맡긴다.)

앞의 세 함수는 우리가 유클리드 기하학에서 각각 평행이동, 확대변환과 반사변환으로 다룬 것이다. 실제로 적당한 형태로 공액화되면 모든 $\mathbb{H}$-등거리변환은 유클리드 사상이 된다. 유클리드 확대변환과 평행이동은 $\mathbb{H}$에서는 다른 기하학적 의미를 갖는다는 것을 인지해야만 하지만 위의 과정은 쌍곡기하학을 가시화하는데 매우 유용하다. 유클리드 확대변환 $d_\varrho$ ($\varrho \neq 0$)는 $\mathbb{H}$-확대변환이 아니다. (실제로 $\mathbb{H}$-확대변환은 아무것도 없다.) 유클리드 평행이동 $\tau_\alpha$ ($\alpha \neq 0$)는, 나중에 보겠지만, 어떤 "측지선"도 불변하지 않게 하지 못하므로, $\mathbb{H}$-평행이동이 아니다. 실제로 $d_\varrho$는 ($y$-축을 불변 측지선으로 갖는) $\mathbb{H}$-평행이동이고, $\tau_\alpha$는 쌍곡평면만의 고유한 등거리변환의 한 형태이다.

"분명한" $\mathbb{H}$-등거리변환 (i), (ii), (iii)은 모든 $\mathbb{H}$-등거리변환을 생성하기에는 충분치 않다. 특히 회전변환이 더 필요한 것으로 느낀다. $\mathbb{H}$-회전변환은 $\mathbb{H}$를 열린 원반 $\mathbb{D}$ 위로 사상함으로써 가장 잘 만들 수 있다. 이 때 다소간의 회전변환은 원점에 관한 유클리드 회전변환으로서 구체화된다. 이를 위해 먼저 $\mathbb{D}$ 위에서의 등거리변환을 분류하고 이를 $\mathbb{H}$ 위로 옮겨 생각하면 된다.

이제 $\mathbb{H}$에서 $\mathbb{D}$ 위로의 사상을 구체적으로 구해 보자. 먼저 $z$-평면을 중심이 $-i$이고 반지름이 $\sqrt{2}$인 원 $C_{-i,\sqrt{2}}$에 대해 반전시키고(그림 3.4), $x$-축에 관해 반사시킨다. 중심 $-i$로부터 $O$와 $i$까지의 거리의 곱이 $1 \times 2 = (\text{반지름})^2$이기 때문에 반전은 $O$와 $i$를 교환한다. 따라서 연이어서 $x$-축에 관한 반사변환을 행하면 궁극적으로 $O$는 $-i$에 사상하게 된다. 이 사상은 $\mathbb{H}$의 점들을 $\mathbb{D}$ 안에 ($\pm 1$은 고정되고, $O$를 아래 $-i$로 보내고, $\infty$를 위 $i$로 보내는) "올바른 방법"으로 보낸다. 또한, 반전의 기하학적 성질에 의해, 원과 각을 보존한다. 특히, $-1, i, 1$을 지나는 $\mathbb{H}$ 위에서의 유클리드 반원은 $\mathbb{D}$ 위의 $x$-축의 선분으로 사상된다(그림 3.5). 중심이 $d$이고 반지름이 $\varrho$인 원 $C_{d,\varrho}$에 관한 반전사상은 식 (2.6)에 의해 주어진 함수

$$\bar{g}(z) = \frac{d\bar{z} + \varrho^2 - d\bar{d}}{\bar{z} - \bar{d}}$$

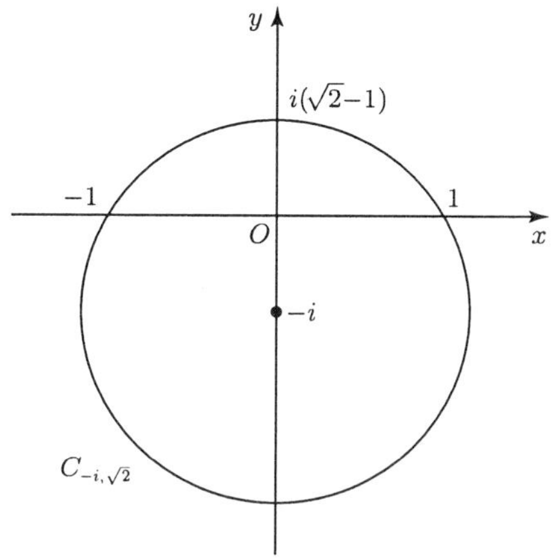


그림 3.4 원에 관한 반전사상

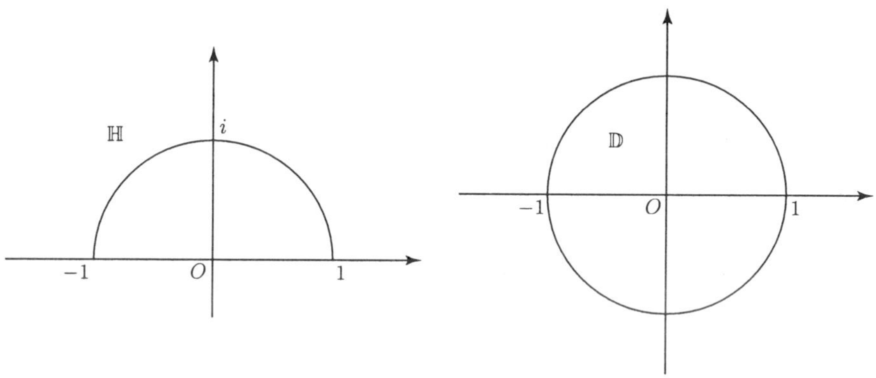


그림 3.5 ℍ에서 𝔻로의 사상

이므로, $C_{-i,\sqrt{2}}$에 대한 반전사상은

$$I_C(z) = \frac{-i\bar{z}+1}{\bar{z}-i}$$

이고, 여기에 $x$-축에 관한 반사변환을 적용하면 $\mathbb{H}$에서 $\mathbb{D}$ 위로의 사상으로서

$$J(z) = \frac{iz+1}{z+i}$$

을 얻는다.

두 점 $w_1, w_2 \in \mathbb{D}$ 사이의 $\mathbb{D}$-거리를 그것들의 역상 $J^{-1}(w_1), J^{-1}(w_2) \in \mathbb{H}$ 사이의 $\mathbb{H}$-거리로 정의한다. 따라서 $\mathbb{D}$-등거리변환은 $\mathbb{H}$-등거리변환 $h$의 공액

$JhJ^{-1}$이다. $O$에 관한 유클리드 회전변환은 실제로 $\mathbb{D}$-등거리변환임을 밝히기 위해 $\mathbb{H}$-거리

$$ds_h = \frac{|dz|}{\Im z}$$

를 $w$에 관해 전개한다.

$$w = J(z) = \frac{iz+1}{z+i}$$

이므로

$$z = \frac{-iw+1}{w-i}$$

이고, 따라서

$$\begin{aligned} \frac{|dz|}{\Im z} &= \left| d\frac{-iw+1}{w-i} \right| \Big/ \Im\left(\frac{-iw+1}{w-i}\right) \\ &= \frac{|2dw|}{1-|w|^2}. \end{aligned}$$

$O$에 관한 유클리드 회전변환이 $|w|$를 보존하므로 이 회전변환에서 위의 식은 불변이다. 따라서 $\mathbb{D}$-등거리변환

(iv) $r_\vartheta(w) = e^{i\vartheta}w \qquad (\vartheta \in \mathbb{R})$

를 얻게 된다. 그러므로 $\mathbb{D}$-거리

$$ds_d = \frac{|2dw|}{1-|w|^2}$$

은 $O$를 지나는 직선에 관한 유클리드 반사변환에 대해 불변이다. (증명은 여러분에게 남긴다.) 특히

(v) $\Omega_{OX}(w) = \bar{w}$

이다. 더욱 일반적으로 $\mathbb{D}$-거리

$$ds_d = \frac{|2dw|}{1-|w|^2}$$

은 뫼비우스 변환 (1.2) (또는 (1.5))에 대해 불변이다. (증명은 여러분이 해 보기 바란다.) (iv)와 (v)를 각각 ($O$에 관한) $\mathbb{D}$-회전변환과 (실축 $OX$에 관한)

$\mathbb{D}$-반사변환이라 부르고, $J^{-1}$에 의한 그것들의 공액들은 ($i$에 관한) $\mathbb{H}$-회전변환과 (단위원에 관한) $\mathbb{H}$-반사변환이라 부른다. 변환 $r_\vartheta$와 $\Omega_{OX}$는 $\mathrm{rot}\,\vartheta$와 $\mathrm{ref}\,\vartheta$에 의해 표현될 수 있다(생각하는 문제 6).

$\mathbb{H}$-반사변환 $J^{-1}\Omega_{OX}J$는

$$\begin{aligned} J^{-1}(w) &= \frac{-iw+1}{w-i} \overset{\Omega_{OX}(J(z))}{\longrightarrow} J^{-1}(\Omega_{OX}(J(z))) \\ &= \frac{-i\bar{w}+1}{\bar{w}-i} = \frac{-i\overline{\left(\frac{iz+1}{z+i}\right)}+1}{\overline{\left(\frac{iz+1}{z+i}\right)}-i} = \frac{1}{\bar{z}} \end{aligned}$$

이므로, 실제로 단위원에 관한 반전 $I$이고, 따라서, $I$는 $\mathbb{H}$-등거리변환임을 알게 된다. $\mathbb{H}$-등거리변환 (i)과 (ii)에 의해 형성된 $C_{\alpha,\varrho}$에 관한 반전 $\tau_\alpha d_\varrho I d_\varrho^{-1}\tau_\alpha^{-1}$ 또한 $\mathbb{H}$-등거리변환이다. 유클리드 직선 $x = \alpha$에 관한 유클리드 반사변환 $\tau_\alpha \Omega_{OY}\tau_\alpha^{-1}$과 함께 이 반전들은 모든 $\mathbb{H}$-반사변환을 형성한다. 3.4절에서 이것들이 모든 $\mathbb{H}$-등거리변환을 생성함을 볼 것이다. 이의 즉각적인 결과는 $\mathbb{H}$-직선($\mathbb{H}$-반사변환들의 고정점 집합)이 $x$-축 위에 중심을 둔 유클리드 반원과 유클리드 반직선 $x = \alpha$ $(y > 0)$로 이루어진다는 것이다.

$\mathbb{H}$ 위의 임의의 두 점 $z_1, z_2$ 사이에 유일한 $\mathbb{H}$-직선이 존재하고, (점이 실축에 접근할수록 $\mathbb{H}$-거리가 무한으로 가기 때문에) $\mathbb{H}$-직선은 부정적으로 확장됨을 보이는 것은 어렵지 않다. 따라서 $\mathbb{H}$-직선은 "평면" 위의 "직선"처럼 행동한다. 그러나, 공간 $\mathbb{H}$가 유클리드의 평행공준을 만족하지 않으므로 유클리드 직선같이 행동하지는 않는다(그림 3.3). 앞에서 설명했듯이 $\mathbb{H}$는 오랫동안 찾아왔던 "비유클리드 평면"이다.

다시 $\mathbb{D}$로 돌아 가면, $\mathbb{D}$-직선은 $\mathbb{D}$ 안의 단위원에 수직인 원호(circular arcs)임을 알고, 반전사상은 원과 각을 보존함을 이용하자. 물론 $\mathbb{D}$-직선은 $\mathbb{D}$의 지름(유클리드 선분)을 포함한다. 몇 가지 $\mathbb{H}$-직선과 $\mathbb{D}$에서의 그것들의 상이 그림 3.6에 비교되어 있다. $\mathbb{D}$-반사변환은, 예견했듯이, $\mathbb{D}$-직선에 관한 반전사상이다.

요약하면, 쌍곡평면의 $\mathbb{H}$-모형은 거리가

$$ds_h = \frac{|dz|}{\Im z}$$

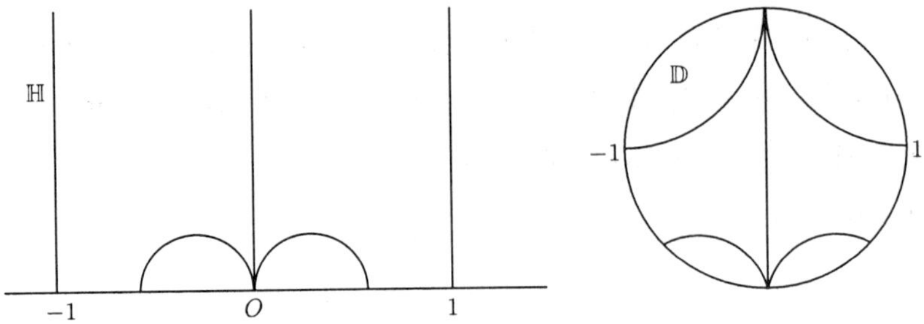


그림 3.6 ℍ-직선과 𝔻-직선

인 위 $z$-반평면이다. ℍ-직선(측지선)은 (위반직선 $\Re z =$ 상수를 포함하는) 실축에 직교하는 반원이고, ℍ-각은 유클리드 각과 같다.

𝔻-모형은 거리가

$$ds_d = \frac{|2dw|}{1 - |w|^2}$$

인 열린 $w$-단위원반 𝔻이다. 𝔻-직선은 (𝔻의 지름을 포함한) 𝔻의 경계원에 직교하는 원호이고, 𝔻-각은 유클리드 각과 같다. 마지막 성질은 $J : \mathbb{H} \to \mathbb{D}$가 두 개의 반전사상의 곱이기 때문이며, 따라서 각이 보존된다. 동시에 이것이 바로 𝔻-모형을 각을 보존하지 않는 다른 모형(사영원반모형: 3.9절)과 구별하여 "등각모형"이라 부르는 이유이기도 하다.

## 3.4 세 반사변환정리

우리가 ℍ-등거리변환 (또는 𝔻-등거리변환)을 모두 찾았는지는 아직 모른다. 그러나, 임의의 점이나 직선을 편리한 위치로 가져올 수 있을 정도로는 충분하게 찾았다. 계산을 쉽게 해 주는 위치의 선택에 의해 ℍ-거리의 기본성질을 유도하겠다. 우리의 목표는 유클리드와 구면 등거리변환을 분류하는 데 기본이 되었던 보조정리 —즉, 두 점의 등거리 집합은 직선이고, 등거리 집합에 관한 반사변환은 이 두 점을 교환한다— 의 ℍ 형태를 증명하는 것이다.

첫 번째 정리는 ℍ 위의 임의의 ℍ-직선 선분 $PQ$를 ℍ-등거리변환에 의해 $y$-축으로 옮기는 것에 의존한다. 이것은 $P$를 $\tau_\alpha$에 의해 $y$-축 위로 옮기고, $Q$가

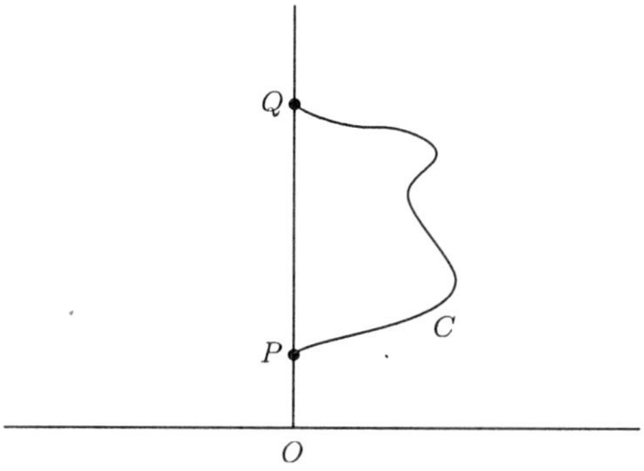


그림 3.7 $P$와 $Q$를 잇는 가장 짧은 곡선

$y$-축 위에 올 때까지 (즉, $\mathbb{D}$ 위에서 $Q$의 상이 $y$-축 위에 올 때까지) $P$에 관해 회전시킴으로써 해결된다. 이 $\mathbb{H}$-등거리변환이 원과 각을 보존하므로 $P$와 $Q$ 사이의 $\mathbb{H}$-직선은 반드시 $P$와 $Q$를 지나고 실축에 수직인 원의 일부이다. 이 "원"은 $y$-축 자신이다.

**[정리 3.6]** $P$와 $Q$ 사이의 $\mathbb{H}$-직선 선분은 $P$와 $Q$를 잇는 쌍곡길이가 가장 짧은 곡선이다.

**증명** 위의 논지에 의해 $\mathbb{H}$-직선 선분 $PQ$가 $y$-축의 선분이라 가정할 수 있다. $C$가 $P$에서 $Q$로의 또 다른 곡선이라면(그림 3.7), 부등식

$$C\text{의 } \mathbb{H}\text{-길이} = \int_C \frac{\sqrt{dx^2+dy^2}}{y} \geq \int_P^Q \frac{dy}{y} = PQ\text{의 } \mathbb{H}\text{-길이}$$

를 얻는다. □

**[따름정리 3.4 (삼각부등식)]** $P, Q, R \in \mathbb{H}$을 세 점이라 하면

$$(PR\text{의 } \mathbb{H}\text{-길이}) + (RQ\text{의 } \mathbb{H}\text{-길이}) \geq (PQ\text{의 } \mathbb{H}\text{-길이})$$

가 성립한다. $R$이 $P, Q$를 지나는 $\mathbb{H}$-직선 위에 있지 않으면 절대부등식이 성립한다.

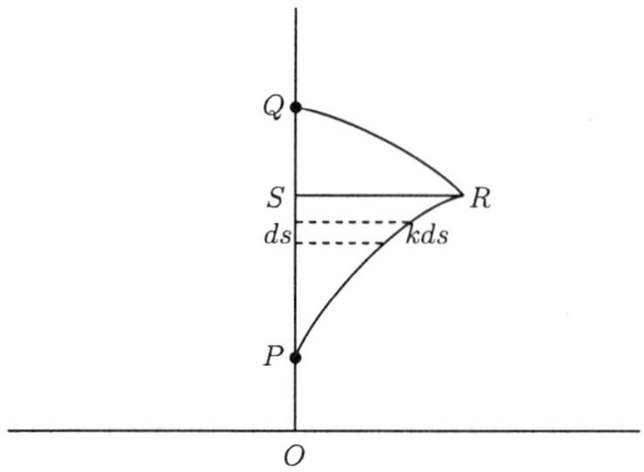


그림 3.8 삼각부등식의 증명을 위한 곡선

**증명** 부등호 "≥"는 $PR \cup RQ$를 곡선 $C$로 잡고 위의 정리 3.6을 적용하면 얻을 수 있다. 만약 $R$이 $P, Q$를 지나는 $\mathbb{H}$-직선($y$-축이 되게 잡자) 위에 있지 않다면 그림 3.8처럼 가정할 수 있다. ($R$이 $P$보다 아래에 있어도 증명은 마찬가지이다.) $PR$의 각각의 극소선분은 $PS$의 대응되는 선분의 $\mathbb{H}$-길이의 $k$배이다. (여기서 $k \geq \sec \angle RPQ$ 이다.) 따라서 $k > 1$이고

$$PR\text{의 } \mathbb{H}\text{-길이} > PS\text{의 } \mathbb{H}\text{-길이}$$

가 성립한다. 비슷하게

$$RQ\text{의 } \mathbb{H}\text{-길이} > SQ\text{의 } \mathbb{H}\text{-길이}$$

를 얻으므로

$$(PR\text{의 } \mathbb{H}\text{-길이}) + (RQ\text{의 } \mathbb{H}\text{-길이}) > PQ\text{의 } \mathbb{H}\text{-길이}$$

가 성립한다. □

이제 중요한 보조정리를 증명하기 위해, 임의의 $P, P'(\in \mathbb{H})$을 $y$-축에 대해 서로 거울상이 되는 위치로 옮기고자 한다. 이것은 먼저 $P'$이 $P$와 같은 $y$ 좌표를 가질 때까지 $P$에 관해 회전을 함으로써 해결된다. (그러한 위치는 중간값 정리에 의해 반드시 존재한다.) 그 다음 $P, P'$이 $y$-축으로부터 (유클리드) 등거리에 있도록 적당한 $\tau_\alpha$를 적용한다.

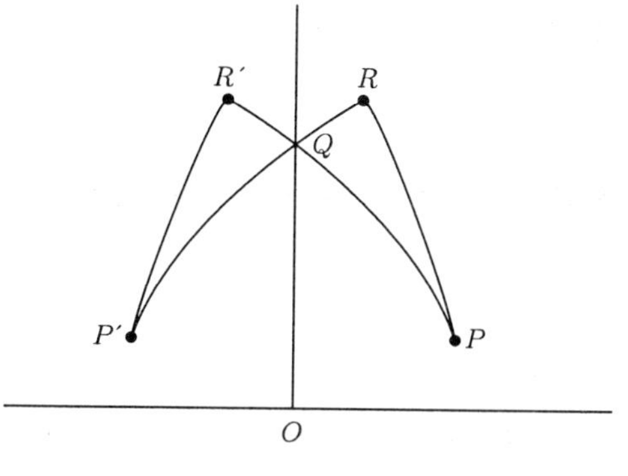


그림 3.9 $\mathbb{H}$-등거리 집합과 거울상

**[보조정리 3.1]** 두 점 $P, P'(\in \mathbb{H})$으로부터 $\mathbb{H}$-등거리인 점들의 집합은 $\mathbb{H}$-직선 $\ell$이고 $\ell$에 관한 $\mathbb{H}$-반사변환은 $P$와 $P'$을 교환한다.

**증명** 위에서 살펴 보았듯이 $P$와 $P'$이 $y$-축에 관해 거울상이 되도록 선택할 수 있고, 따라서 $y$-축에 관한 반사변환 $\Omega_{OY}$는 $P$와 $P'$을 교환한다. $\Omega_{OY}$가 $y$-축 위의 각 점 $Q$를 고정하는 $\mathbb{H}$-등거리변환이므로 그러한 $Q$는 $P$와 $P'$으로부터 $\mathbb{H}$-등거리에 있다. 그러므로 $P, P'$의 $\mathbb{H}$-등거리 집합은 $\mathbb{H}$-직선인 $y$-축을 포함한다.

이제 $P, P'$의 $\mathbb{H}$-등거리 집합이 $y$-축 위에 있지 않은 점 $R$을 포함한다고 가정하자. 그러면 $R$의 거울상 $R'$은 ($R$을 $R'$으로 보내는 반사변환 $\Omega_{OY}$가 $P$와 $P'$을 교환하는 $\mathbb{H}$-등거리변환이므로) 또한 $P, P'$으로부터 $\mathbb{H}$-등거리이고, 일반성을 잃지 않고, 그림 3.9에 있는 것과 같은 상황을 가정할 수 있다.

$$
\begin{aligned}
P'R'\text{의 } \mathbb{H}\text{-길이} &= PR\text{의 } \mathbb{H}\text{-길이} \quad (\text{반사변환에 의해}) \\
&= P'R\text{의 } \mathbb{H}\text{-길이} \quad (\text{가정에 의해}) \\
&= (P'Q\text{의 } \mathbb{H}\text{-길이}) + (QR\text{의 } \mathbb{H}\text{-길이}) \\
&= (P'Q\text{의 } \mathbb{H}\text{-길이}) + (QR'\text{의 } \mathbb{H}\text{-길이}) \quad (\text{반사변환에 의해})
\end{aligned}
$$

를 얻는데, 이는 절대삼각부등식에 어긋난다. 이 모순은 $y$-축이 $P, P'$의 완전 $\mathbb{H}$-등거리 집합임을 말한다. □

이제 모든 $\mathbb{H}$-등거리변환은 $\mathbb{H}$-반사변환의 곱임을 보이는 데 필요한 모든 것을 얻었다.

**[정리 3.7]** 각각의 $\mathbb{H}$-등거리변환은 한 개, 두 개 또는 세 개의 $\mathbb{H}$-반사변환의 곱이다.

**증명** 유클리드기하학과 구면기하학의 경우에서처럼, 각각의 등거리변환은 한 직선에 있지 않은 세 점 $P, Q, R$에 미치는 변환의 효과에 의해 결정된다는 것을 유의하자. 각 점 $A(\in \mathbb{H})$가 $\mathbb{H}$-직선 위에 있지 않은 $P, Q, R$로부터의 $\mathbb{H}$-거리에 의해 결정되기 때문에 위의 논의는 $\mathbb{H}$에서도 성립한다. $P, Q, R$로부터 같은 $\mathbb{H}$-거리에 있는 두 점 $A, A'$이 존재한다면, $P, Q, R$은 $A, A'$의 $\mathbb{H}$-등거리 집합에 머무르게 되고, 이는 위의 보조정리에 어긋난다.

이제 주어진 $\mathbb{H}$-등거리변환 $f$를 $\mathbb{H}$-반사변환의 곱으로 표현하기 위해 $\mathbb{H}$-직선에 있지 않은 임의의 $P, Q, R(\in \mathbb{H})$을 택하고, 많아야 세 개의 $\mathbb{H}$-반사변환을 이용한다. 이 때 $\mathbb{E}^2$와 $\mathbb{S}^2$의 경우에서와 꼭같이 각 반사변환에 의한 등거리 점들의 교환을 사용하여 $P, Q, R$을 각각 $f(P), f(Q), f(R)$로 보낸다. □

**[따름정리 3.5]** $\mathbb{H}$-등거리변환의 집합은 군이다.

**증명** $\mathbb{E}^2$와 $\mathbb{S}^2$의 경우에서처럼 각각의 반사변환은 자신의 역이므로 따름정리가 성립한다. □

## 3.5 복소함수로서의 등거리변환

모든 $\mathbb{H}$-등거리변환은 직선 $x = \alpha$나 원 $C_{\alpha,\rho}$에 관한 반전사상의 곱임을 정립하였으므로, $\mathbb{H}$-등거리변환을 복소함수로 표현하기 위해 반전사상에 대한 형태를 사용할 수 있다. $\mathbb{E}^2$와 $\mathbb{S}^2$에서와 같이 $\mathbb{H}$-등거리변환은 방향보존 (짝수 개의 반사변환의 곱)과 방향역전 (홀수 개의 반사변환의 곱) 등거리변환의 두 집합의 합으로 이루어져 있다. 방향보존 등거리변환은 모든 $\mathbb{H}$-등거리변환의 군 $\mathfrak{I}(\mathbb{H})$의 부분군 $\mathfrak{I}^+(\mathbb{H})$를 형성한다. 방향역전 원소는, $\Omega_{OY}$가 $y$-축에 관한 반사변환일 때 잉여류 $\mathfrak{I}^+(\mathbb{H}) \circ \Omega_{OY}$를 만든다. $\mathfrak{I}^+(\mathbb{H})$의 원소의 형태를 앎과 동시에 $\Omega_{OY} \notin \mathfrak{I}^+(\mathbb{H})$임을 보게 될 것인데, 이는 $\Omega_{OY}$가 고정점들의 직선을 가졌고, $\mathfrak{I}^+(\mathbb{H})$의 각각의 자명하지 않은 원소는 기껏해야 2개의 고정점을 가짐이 알려져 있기 때문이다.

**[정리 3.8 (푸앵카레(1882))]** 실수 $\alpha, \beta, \gamma, \delta$가 $\alpha\delta - \beta\gamma = 1$을 만족할 때, 방향보존 $\mathbb{H}$-등거리변환은

$$f(z) = \frac{\alpha z + \beta}{\gamma z + \delta}$$

의 형태를 갖고, 방향역전 $\mathbb{H}$-등거리변환은

$$\bar{f}(z) = \frac{-\alpha \bar{z} + \beta}{-\gamma \bar{z} + \delta}$$

의 형태를 갖는다.

**증명** 원 $C_{\varepsilon,\varrho}\,(\varepsilon \in \mathbb{R})$에 관한 반전사상은 $\bar{g}(z) = \tau_\varepsilon d_\varrho I d_\varrho^{-1} \tau_\varepsilon^{-1}(z)$이므로

$$\bar{g}(z) = \frac{\varepsilon \bar{z} + \varrho^2 - \varepsilon^2}{\bar{z} - \varepsilon}$$

으로 주어지고 (식 (2.6) 참고), 이것의 행렬식은 $-\varepsilon^2 - \varrho^2 + \varepsilon^2 = -\varrho^2$이다. 따라서 분자 분모에 $\dfrac{1}{\varrho}$을 곱해 행렬식이 $-1$이 되게 한다. 마찬가지로 $x = \varepsilon$에 관한 반사변환 $\tau_\varepsilon \Omega_{OY} \tau_\varepsilon^{-1}$은 행렬식이 $-1$인 함수

$$\bar{h}(z) = \varepsilon - \overline{(-\varepsilon + z)} = -\bar{z} + 2\varepsilon = \frac{-\bar{z} + 2\varepsilon}{1}$$

이다. 그러므로 임의의 두 $\mathbb{H}$-반사변환의 곱은 다음과 같은 형태의 함수이다.

$$f(z) = \frac{\alpha z + \beta}{\gamma z + \delta} \qquad (\alpha\delta - \beta\gamma = 1).$$

이러한 함수를 다른 $\mathbb{H}$-반사변환과 곱하면 함수

$$\bar{f}(z) = \frac{\alpha' \bar{z} + \beta'}{\gamma' \bar{z} + \delta'} \qquad (\alpha'\delta' - \beta'\gamma' = -1)$$

을 얻는데, 이는

$$\bar{f}(z) = \frac{-\alpha\bar{z} + \beta}{-\gamma\bar{z} + \delta} \qquad (\alpha\delta - \beta\gamma = 1)$$

과 같다. 세반사변환정리 3.7에 의해 이것은 모든 $\mathbb{H}$-등거리변환을 포함한다.

역으로 함수

$$f(z) = \frac{\alpha z + \beta}{\gamma z + \delta} \qquad (\alpha\delta - \beta\gamma = 1)$$

를 살펴보자. 이것을 다시 쓰면

$$f(z) = \frac{\alpha}{\gamma} - \frac{1}{\gamma(\gamma z + \delta)}$$

이 된다. $\gamma > 0$이라 가정하면, 이 함수는 $\mathbb{H}$-등거리변환 $z \mapsto \gamma z$, $z \mapsto z + \varepsilon$ $(\varepsilon = \delta, \frac{\alpha}{\gamma})$와 $z \mapsto -\frac{1}{z}$ ($z \mapsto \frac{1}{\bar{z}}$과 $z \mapsto -\bar{z}$의 곱)의 곱이다. 따라서 함수 자신은 $\mathbb{H}$-등거리변환이다. $\gamma < 0$이면

$$f(z) = \frac{-\alpha z - \beta}{-\gamma z - \delta}$$

로 쓰고 같은 논의를 반복한다. 마지막으로 $\gamma = 0$이면

$$f(z) = \frac{\alpha}{\delta} z + \frac{\beta}{\delta} \qquad (\alpha\delta = 1)$$

이 되고 동시에 $\frac{\alpha}{\delta} > 0$이다. 따라서 이것은 $\mathbb{H}$-등거리변환 $\tau_{\frac{\beta}{\delta}} d_{\frac{\alpha}{\delta}}$이다.

이 경우 각각의 $\tau_\varepsilon$ 또는 $d_\varrho$가 두 $\mathbb{H}$-반사변환의 곱이므로 $f$는 방향을 보존한다.

두 번째로

$$\bar{f}(z) = \frac{-\alpha\bar{z} + \beta}{-\gamma\bar{z} + \delta}$$

를 살펴보자. 이 함수는

$$f(z) = \frac{\alpha z + \beta}{\gamma z + \delta}$$

에 $\Omega_{OY}(z) = -\bar{z}$를 곱한 것이다. $f(z)$는 방향보존 $\mathbb{H}$-등거리변환이므로 $\bar{f}(z) = f(\Omega_{OY}(z))$는 방향역전 $\mathbb{H}$-등거리변환이다. □

**[따름정리 3.6]** 방향보존과 방향역전 등거리변환 집합은 서로의 여집합이다.

**증명** 정리의 앞에서 논의한 것에 따르면 $\Omega_{OY}$가 방향을 보존하지 못한다는 사실만 증명하면 된다. 이는 $\Omega_{OY}$가 고정점 집합으로 $y$-축을 갖지만 각각의 방향보존 $\mathbb{H}$-등거리변환은 많아야 2개, 즉, 2차방정식

$$z = \frac{\alpha z + \beta}{\gamma z + \delta}$$

의 해를 고정점으로 갖기 때문에 분명하다. □

**[따름정리 3.7]** $\mathbb{H}$-등거리변환은 복소수 $a, b$가 $|a|^2 - |b|^2 = 1$을 만족할 때 방향보존인 경우로 함수

$$f(z) = \frac{az + b}{\bar{b}z + \bar{a}}$$

와 방향역전의 경우로 함수

$$\bar{f}(z) = \frac{a\bar{z} + b}{\bar{b}\bar{z} + \bar{a}}$$

로 주어진다.

**증명** 3.3절에서 보았듯이 $\mathbb{D}$-등거리변환은, $h$가 $\mathbb{H}$-등거리변환이고

$$J(z) = \frac{iz + 1}{z + i}, \quad J^{-1}(z) = \frac{-iz + 1}{z - i}$$

이라면, 함수 $JhJ^{-1}$이다. $h$가 방향보존 $\mathbb{H}$-등거리변환 $h(z) = \dfrac{\alpha z + \beta}{\gamma z + \delta}$ 라면 $JhJ^{-1}$는 행렬

$$\begin{aligned}
&\begin{pmatrix} i & 1 \\ 1 & i \end{pmatrix} \begin{pmatrix} \alpha & \beta \\ \gamma & \delta \end{pmatrix} \begin{pmatrix} -i & 1 \\ 1 & -i \end{pmatrix} \\
= &\begin{pmatrix} \alpha + i\beta - i\gamma + \delta & i\alpha + \beta + \gamma - i\delta \\ -i\alpha + \beta + \gamma + i\delta & \alpha - i\beta + i\gamma + \delta \end{pmatrix}
\end{aligned}$$

를 갖고, 이때 행렬식은

$$\det \begin{pmatrix} i & 1 \\ 1 & i \end{pmatrix} \det \begin{pmatrix} \alpha & \beta \\ \gamma & \delta \end{pmatrix} \det \begin{pmatrix} -i & 1 \\ 1 & -i \end{pmatrix} = (-2)1(-2) = 4$$

이다. $c = \alpha + i\beta - i\gamma + \delta,\ d = i\alpha + \beta + \gamma - i\delta$라 놓으면 행렬은

$$\det \begin{pmatrix} c & d \\ \bar{d} & \bar{c} \end{pmatrix}$$

형태가 된다. 이때 $4 = \det = c\bar{c} - d\bar{d} = |c|^2 - |d|^2$이므로 $\frac{c}{2} = a, \frac{d}{2} = b$라 놓으면

$$f(z) = JhJ^{-1}(z) = \frac{az + b}{\bar{b}z + \bar{a}} \qquad (|a|^2 - |b|^2 = 1)$$

로 쓸 수 있다.

역으로 이 모양의 임의의 함수는 실수 $\alpha, \beta, \gamma, \delta$를 알맞게 택함으로 얻을 수 있다. $a, b$가 $|a|^2 - |b|^2 = 1$을 만족하는 복소수라면 $c = 2a, d = 2b$라 놓고, 연립방정식

$$\begin{aligned} c &= \alpha + i\beta - i\gamma + \delta \\ d &= i\alpha + \beta + \gamma - i\delta \end{aligned}$$

를 $\alpha, \beta, \gamma, \delta$에 관해 푼다. 해는

$$\alpha = \Re a + \Im b, \qquad \beta = \Re b + \Im a$$
$$\gamma = \Re b - \Im a, \qquad \delta = \Re a - \Im b$$

이고 $\alpha\delta - \beta\gamma = |a|^2 - |b|^2 = 1$을 만족한다.

마지막으로 방향역전 $\mathbb{D}$-등거리변환

$$\bar{f}(z) = \frac{a\bar{z} + b}{\bar{b}\bar{z} + \bar{a}} \qquad (|a|^2 - |b|^2 = 1)$$

을 생성하기 위해서는 위에서 얻은 $f(z)$와 방향역전 $\mathbb{D}$-등거리변환 $\Omega_{OX}(z) = \bar{z}$를 합성한다. 즉 $\bar{f}(z) = f(\Omega_{OX}(z))$이다. □

## 3.6 등거리변환의 기하학적 서술

쌍곡평면의 중요한 자산(유용한 성질)은 무한원 (즉, $\infty$에 중심을 둔 원)이다. $\mathbb{D}$-모형에서 무한원 $\partial\mathbb{D}$는 그 자신이 $\mathbb{D}$의 점들이 되는 단위원 —$\mathbb{D}$의 유클리드

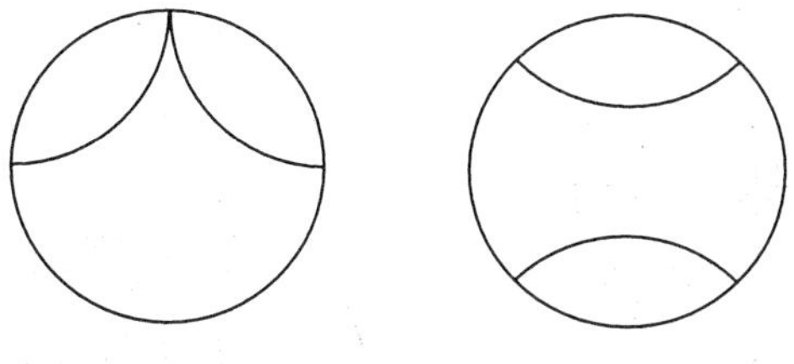


그림 3.10 점근선과 초평행선

극한점의 집합— 이다. 점 $w(\in \mathbb{D})$의 $O$에서부터의 $\mathbb{D}$-거리가 $|w| \to 1$일 때 무한대로 가기 때문에 이 점들은 $\mathbb{D}$-거리의 관점에서 보면 무한점이다. $\mathbb{H}$의 무한원 $\partial\mathbb{H}$는 $J$에 의한 단위원의 역상 $\mathbb{R} \cup \{\infty\}$이다.

쌍곡기하학의 대부분의 개념은 무한원에 의해 가장 간단하게 서술될 수 있다. 예를 들어, **점근선**은 무한원 위에서 공통교점을 갖는 직선들로 정의할 수 있다. (이때 이 공통 교점은 직선들에 속하지 않고, 오히려 공통 극한점이거나 직선들의 끝점이라는 것이 강조되어야 하지만.) 따라서 점근선은 쌍곡평면 자신에서나 무한원 위에서 공통교점을 갖지 않는 **초평행선**과는 구별된다(그림 3.10).

이 구별에 따르면 초평행선에 관한 반사변환들의 곱과 점근선에 관한 반사변환들의 곱을 구별할 수 있다. 앞의 것은 **평행이동**이고, 뒤의 것은 그것이 반사변환의 두 직선의 공통 극한점에 관한 회전변환과 유사하므로 **극한회전변환**이다. 알고 있듯이, **회전변환**(잘 위치한 교선들의 쌍에 대한 반사변환들의 곱)이 있고, **미끄럼반사변환**이 있음도 쉽게 알 수 있다. 이 네 가지 형태가 쌍곡 등거리변환의 전부라는 것을 확립하기 전에 이것들을 좀더 자세히 살펴 보자. 이것들을 "유클리드 형태와 같이" 만드는 좌표의 이점을 이용하고, $\mathbb{H}$와 $\mathbb{D}$ 사이에서 이동함으로써 그것이 어떻게 평면의 점과 직선에 영향을 미치는가를 알 수 있다. 각각의 경우에 **등거리변환**은 어떤 족 안의 직선을 치환하고, 족의 모든 직선에 직교하는 각각의 곡선을 보존한다.

(i) 회전변환

$\mathbb{D}$에서 $O$에 관한 회전변환은 $r_\vartheta(w) = e^{i\vartheta}w$이다. 이것은 $\mathbb{D}$의 지름($O$를

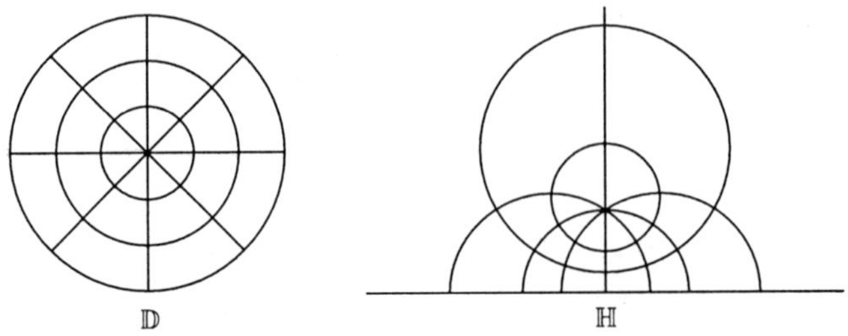


그림 3.11 $O$에 관한 회전변환에 의한 보존과 치환

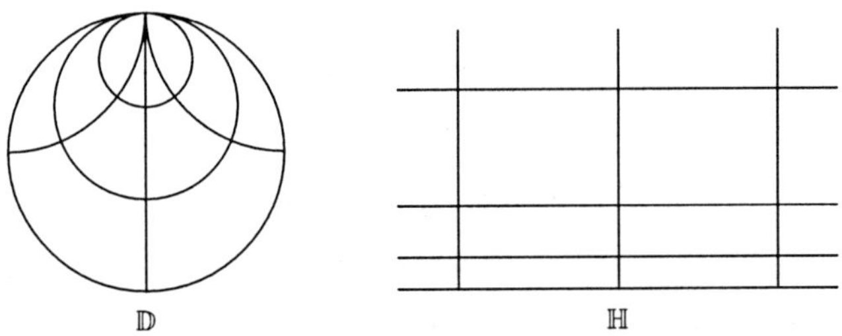


그림 3.12 호로사이클

지나는 $\mathbb{D}$-직선)들을 치환하고, $O$에 중심을 둔 원($\mathbb{D}$-중심 $O$를 가진 $\mathbb{D}$-원)들을 보존한다. 그림 3.11은 이것과 $\mathbb{H}$에서의 상 또한 잘 보여 준다. 회전변환은 오직 한 개의 고정점(회전변환의 중심; $\mathbb{D}$에서는 $O$, $\mathbb{H}$에서는 $i$)을 갖는다.

(ii) 극한회전변환

$\mathbb{H}$에서 $\infty$에 관한 극한회전변환은 $\tau_\alpha(z) = \alpha + z$이다. 이 변환은 직선 "$x$ = 상수"($\infty$를 지나는 $\mathbb{H}$-직선)들을 치환하고 직선들 "$y$ = 상수"를 보존한다. 후자의 곡선은 $\mathbb{H}$-직선이 아닌데 **호로사이클**이라 부른다. $\mathbb{D}$에서는 이것들은 무한원에 접하는 유클리드 원들이다(그림 3.12). 이 변환은 $\mathbb{D}$나 $\mathbb{H}$에서는 고정점을 갖지 못하지만 무한원 위에서는 한 개($\mathbb{D}$에서 $i$, $\mathbb{H}$에서는 $\infty$)를 갖는다. 이 점은 치환된 직선들의 공통 끝점이다.

(iii) 평행이동

$\mathbb{H}$에서 $O$에서 $\infty$를 잇는 직선을 따른 평행이동은 $d_\varrho(z) = \varrho z$ $(\varrho > 0)$이

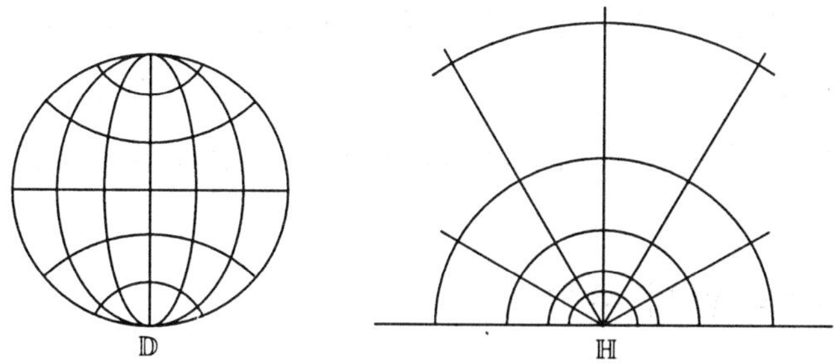


그림 3.13 $y$-축의 등거리 곡선

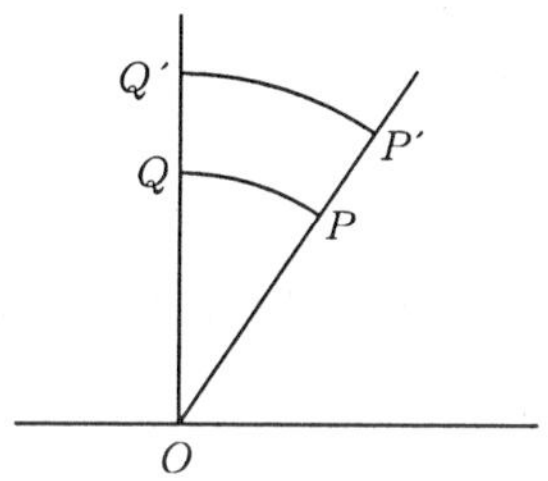


그림 3.14 ℍ-등거리 직선 $y = cx$

다. 이것은 $O$에 중심을 둔 반원들($y$-축에 직교하는 ℍ-직선들)을 치환하고, $y$-축(평행이동의 직선(축)이라 불리는 ℍ-직선)과 직선들 $y = cx$($c$: 상수)를 보존한다. 후자의 직선들은 ℍ-직선들은 아니지만 $y$-축의 등거리 곡선이다. 𝔻에서는 이것들은 $-i$와 $i$를 지나는 곡선들이다(그림 3.13). 평행이동은 𝔻 또는 ℍ 안에 고정점을 갖지 않지만 무한원에서는 불변 ℍ- 또는 𝔻-직선의 끝점에서 두 개(𝔻에 대해서는 $\pm i$, ℍ에 대해서는 $O$와 $\infty$)를 갖는다.

유클리드 직선 $y = cx$가 $y$-축으로부터 왜 ℍ-등거리가 되는지 보기 위해 그 둘 사이에 직교선분 $PQ$, $P'Q'$을 고려하자(그림 3.14). $PQ$는 ℍ-등거리변환인 확대변환에 의해 $P'Q'$으로 보내진다. 따라서 모든 그러한 선분은 같은 ℍ-거리를 갖는다.

(iv) 미끄럼반사변환

미끄럼반사변환은 반사변환과 축이 반사변환의 직선(축)인 평행이동과의 곱이다. 따라서 반사변환의 직선(축)을 $y$-축으로 잡으면 평행이동에 대한 위의 서술을 이용할 수 있다. 평행이동처럼 미끄럼반사변환은 하나의 불변직선과 무한원 위에 두 개의 고정점(불변직선의 양 끝점)을 갖는다.

## 3.7 등거리변환의 분류

유클리드기하학과 구면기하학에서처럼 미끄럼반사변환은 유일한 방향 역전 등거리변환이다. 이것은 $\ell$이 두 직선 $m, n$의 공통수선일 때, 임의의 세 개의 반사변환의 곱을 $\Omega_n\Omega_m\Omega_\ell$로 변환함으로써 증명될 수 있다. 그러나, 점근선과 초평행선의 존재로 인해 더 많은 경우들이 고려되어야 한다. 불변직선 $\ell$ 또는 보다 정확히는 그것들의 끝점들을 찾기 위해, 지름길로서, 3.5절에 있는 일반적인 방향역전 $\mathbb{H}$-등거리변환을 사용하겠다.

**[보조정리 3.2]** 방향역전 $\mathbb{H}$-등거리변환 $\bar{f}$는 무한원 위에 두 개의 고정점을 갖는다.

**증명** 정리 3.8에 의해

$$\bar{f}(z) = \frac{-\alpha\bar{z} + \beta}{-\gamma\bar{z} + \delta} \qquad (\alpha, \beta, \gamma, \delta \in \mathbb{R},\ \alpha\delta - \beta\gamma = 1)$$

라 가정할 수 있다. 따라서 $\bar{f}$는 무한원 $\mathbb{R} \cup \{\infty\}$ 위에서 방정식

$$x = \frac{-\alpha x + \beta}{-\gamma x + \delta} \qquad (x \in \mathbb{R} \cup \{\infty\})$$

의 실수해인 고정점들을 갖는다. $\gamma = 0$이면 해는 $x = \dfrac{\beta}{\alpha + \delta}, \infty$이고, $\gamma \neq 0$이면 이차방정식 $\gamma x^2 - (\alpha + \delta)x + \beta = 0$을 얻는데, 이것은 해

$$x = \frac{\alpha + \delta \pm \sqrt{(\alpha - \delta)^2 + 4}}{2\gamma}$$

를 갖는다. $(\alpha - \delta)^2 + 4 > 0$이므로 이것들은 두 개의 해이다. 따라서 $\bar{f}$는 무한원 위에 두 개의 고정점을 갖는다. □

이 보조정리는 방향역전 등거리변환의 분류를 방향보존 등거리변환의 경우로 바꾸어 주는데, 이는 다시 직선들의 쌍의 분류로 바뀌게 된다. 다음을 보자.

**[정리 3.9 ($\mathbb{H}$-등거리변환의 분류)]** 쌍곡평면의 각각의 등거리변환은 다음 중의 하나이다.

(i) 회전변환,

(ii) 극한회전변환,

(iii) 평행이동, 또는

(iv) 미끄럼반사변환.

**증명** 3.4절과 3.5절에서 각각의 방향보존 등거리변환은 두 개의 반사변환의 곱임을 보았다. 반사변환의 축(직선)들 $\ell, m$은 오로지 다음의 세 가지 근본적으로 다른 경우만 취할 수 있다.

(i) $\ell$과 $m$이 만난다.

(ii) $\ell$과 $m$이 점근적이다.

(iii) $\ell$과 $m$은 초평행이다.

**경우 (i)**: 적당한 좌표계를 도입함으로써 $\mathbb{D}$ 안에서 $\ell$과 $m$의 교점을 $O$로 택할 수 있다. 그러면 $\Omega_m\Omega_\ell$은 $r_\vartheta(w) = e^{i\vartheta}w$ $(\vartheta \in \mathbb{R})$, 즉, $\mathbb{D}$-회전변환이다.

**경우 (ii)**: 적당한 좌표계를 선택함으로써 $\mathbb{H}$ 안에서 $\ell$과 $m$이 $\infty$에서 점근적이고 $\ell$은 $y$-축이 되게 할 수 있다. 그러면 적당한 $\alpha(\in \mathbb{R})$에 대해 $x = \dfrac{\alpha}{2}$이고 $\Omega_m\Omega_\ell$은 $\tau_\alpha(z) = \alpha + z$, 즉, $\mathbb{H}$-극한회전변환이다.

**경우 (iii)**: 알맞은 좌표계에 의해 $\mathbb{H}$에서 $\ell$은 $y$-축이 되고 $m$은 $\ell$과 만나지 않는 반원이 되게 할 수 있다. $\ell$에 수직인 여러 가지 $\mathbb{H}$-직선들은 $m$과 $[0, \pi]$에서 연속적으로 변하는 각을 만든다(그림 3.15). 따라서 중간값정리를 쓰면 그들 중의 하나 $n$은 $\ell$과 $m$에 공통수선이다. 그러면, $n$을 $y$-축이 되게 하는 새

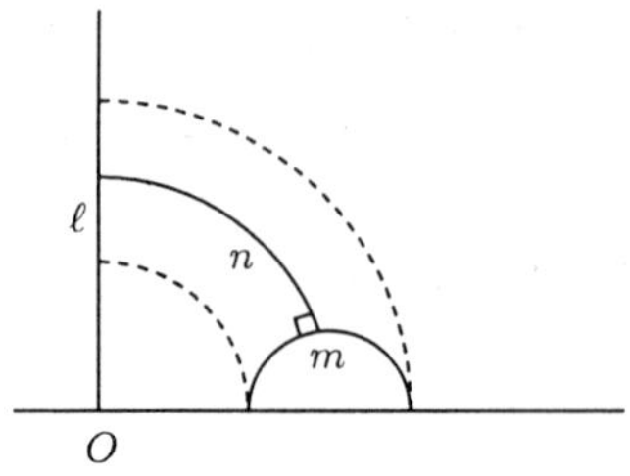


그림 3.15 $\ell$에 수직인 $\mathbb{H}$-직선

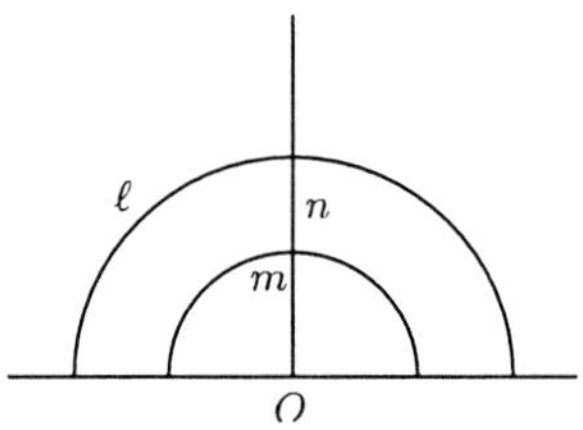


그림 3.16 초평행선 $\ell, m$

좌표계를 선택함으로써 $\ell$과 $m$은 중심이 $O$인 반원들이 된다(그림 3.16). 이제 $\ell, m$에 관한 $\mathbb{H}$-반사변환들의 곱은 $d_\varrho(z) = \varrho z$ $(\varrho > 0)$, 즉, $\mathbb{H}$-평행이동이다.

$\bar{f}$가 방향역전 등거리변환이라면 보조정리 3.2에 따라 다음 경우를 얻는다.

**경우 (iv)**: $\bar{f}$는 무한원 위에 두 개의 고정점을 갖는다. $\ell$을 고정점들을 연결하는 $\mathbb{H}$-직선이라 하고, $\mathbb{H}$-등거리변환 $f = \bar{f}\Omega_\ell$을 생각하자. $\Omega_\ell$도 또한 $\ell$의 끝점을 고정하므로 $f$는 이 두 끝점을 고정하는 방향보존 $\mathbb{H}$-등거리변환이다. 방향보존 등거리변환들의 표준형태들 $r_\vartheta, \tau_\alpha, d_\varrho$를 살펴 봄으로써 직선의 끝점을 고정하는 유일한 하나는 그것의 축의 끝점을 고정하는 $d_\varrho$임을 알 수 있다. 그러므로

$$f = \bar{f}\Omega_\ell = \ell\text{이 축인 평행이동}$$

이고, 따라서

$$\bar{f} = f\Omega_\ell = \ell\text{이 축인 미끄럼반사변환}$$

이다. □

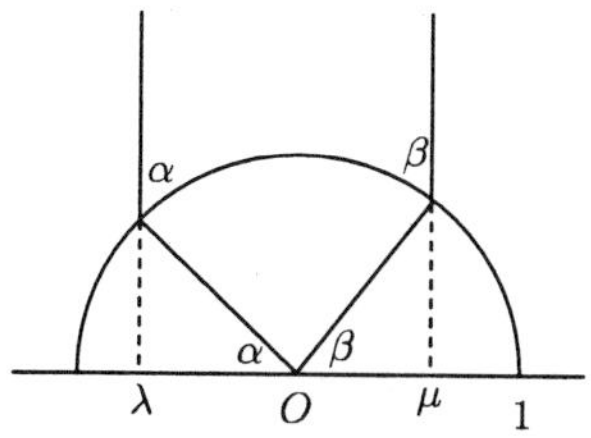


그림 3.17 점근삼각형 $\Delta_{\alpha\beta}$

마지막으로 앞의 절과 결합하면 다음을 얻는다.

**[정리 3.10]** 두 쌍곡 등거리변환이 쌍곡적으로 일직선 위에 있지 않은 서로 다른 세 점에서 일치하면 이 두 변환은 위반평면 전체에서 일치한다.

## 3.8 삼각형의 면적

쌍곡평면에서 점근선의 존재는 **점근삼각형** —두 변이 점근선인 삼각형— 의 존재를 시사한다. 실제로 보통의 삼각형은 두 개의 점근삼각형의 차이이다(그림 3.18). 따라서 점근삼각형의 면적이 유한이면 이로부터 일반적인 삼각형의 면적을 구할 수 있다. 우리는 이 면적을 $\mathbb{H}$-모형에서 계산하자. 거기서는 유클리드 너비 $dx$와 유클리드 높이 $dy$를 갖는 극소 직사각형은 $\mathbb{H}$-너비 $\dfrac{dx}{y}$와 $\mathbb{H}$-높이 $\dfrac{dy}{y}$를 갖고 따라서 $\mathbb{H}$-넓이

$$dA = \frac{dxdy}{y^2}$$

를 갖는다. 그러므로, 삼각형 $\Delta$의 면적을 계산하기 위해 $\dfrac{1}{y^2}$을 $\Delta$ 위에서 적분해야만 한다. 전과 같이 요령은 $\Delta$를 편리한 위치에서 선택하는 것이다.

**[정리 3.11]** 세 각이 $\alpha, \beta, \gamma(=0)$인 점근삼각형 $\Delta_{\alpha\beta}$의 면적은 $\pi-(\alpha+\beta)$이다.

**증명** 먼저 $\Delta_{\alpha\beta}$가 $\mathbb{D}$에 있다고 가정하면, $\Delta_{\alpha\beta}$의 극한꼭지점이 $i$가 되게 하기 위해 $O$에 관해 회전시킨다. 그러면 $\mathbb{H}$에서의 $\Delta_{\alpha\beta}$의 상은 그것의 점근변으

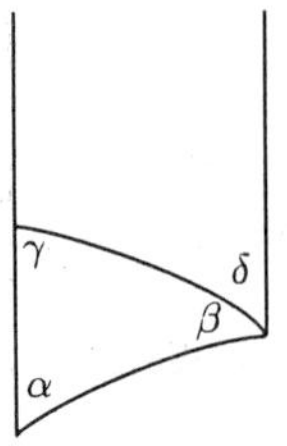


그림 3.18 삼각형 $\Delta_{\alpha\beta\gamma}$

로 수직선분을 갖게 되고 세 번째 변은 실축 위에 중심이 있는 반원이다. $\mathbb{H}$-등거리변환 $z \mapsto \delta + z\,(\delta \in \mathbb{R})$에 의해 이 반원의 중심이 $O$가 되게 할 수 있고, 이것에 더해 $\mathbb{H}$-등거리변환 $z \mapsto \varrho z\,(\varrho \in \mathbb{R})$를 적용하여 반지름이 1이 되게 만들 수 있다. 따라서 $\Delta_{\alpha\beta}$를 그림 3.17에 주어진 형태로 가정해도 일반성을 잃지 않는다.

반지름은 원에 수직이라는 사실로부터 $O$에서의 각은 그림에서 보여진 것처럼 $\alpha$와 $\beta$이다. 그러면 반지름의 길이가 1이므로 $\lambda = \cos(\pi-\alpha)$이고 $\mu = \cos\beta$이다. $\mathbb{H}$-면적 $dA$에 대한 식으로부터

$$\text{면적}\,(\Delta_{\alpha\beta}) = \int\!\!\int_{\Delta_{\alpha\beta}} \frac{dxdy}{y^2} = \int_{\lambda}^{\mu} dx \int_{\sqrt{1-x^2}}^{\infty} \frac{dy}{y^2} = \int_{\lambda}^{\mu} \frac{dx}{\sqrt{1-x^2}}$$

를 얻고, 변수변환 $x = \cos\vartheta$에 의해

$$\int_{\lambda=\cos(\pi-\alpha)}^{\mu=\cos\beta} \frac{dx}{\sqrt{1-x^2}} = \int_{\pi-\alpha}^{\beta} \frac{-\sin\vartheta d\vartheta}{\sin\vartheta} = \pi - \alpha - \beta$$

를 얻는다. □

**[따름정리 3.8]** 세 각이 $\alpha, \beta, \gamma(\neq 0)$인 삼각형 $\Delta_{\alpha\beta\gamma}$의 면적은 $\pi - (\alpha + \beta + \gamma)$이다.

**증명** $\Delta_{\alpha\beta\gamma}$의 한 변을 $\infty$로 확장시켜서 $\Delta_{\alpha\beta\gamma}$를 두 점근삼각형 $\Delta_{\alpha,\beta+\delta}$와 $\Delta_{\pi-\gamma,\delta}$의 차로써 그림 3.18처럼 표현할 수 있다. 적분, 즉 면적은 가법성이 성립하므로

$$\begin{aligned} \text{면적}(\Delta_{\alpha\beta\gamma}) &= \text{면적}(\Delta_{\alpha,\beta+\delta}) - \text{면적}(\Delta_{\pi-\gamma,\delta}) \\ &= \pi - (\alpha + \beta + \delta) - \pi + (\pi - \gamma + \delta) \\ &= \pi - (\alpha + \beta + \gamma) \end{aligned}$$

□

**[정의 3.2]** 위의 값 $\pi - (\alpha + \beta + \gamma)$를 각부족이라 부른다.

이 각부족은 항상 양수이다. 따라서 다음이 성립한다.

**[정리 3.12]** 임의의 쌍곡삼각형의 내각의 합은 $\pi$보다 작다.

**증명** 연습문제로 남긴다. □

**[정리 3.13]** 합이 $\pi$보다 작은 세 각이 주어지면 그것들은 실제로 적당한 쌍곡삼각형의 각들이다.

**증명** 연습문제로 남긴다. □

삼각부등식을 만족하는 세 개의 (유클리드 또는 쌍곡) 길이 $a, b, c$가 주어지면, (유클리드 또는 쌍곡) 삼각형은, 변이 단지 이 길이들을 가지도록 그릴 수 있고, 같은 측도를 갖는 모든 삼각형은 (각각 유클리드 또는 쌍곡적 ($\mathcal{U}_+$−합동) 의미에서) 첫 번째 것과 동치이다. 그러나, 유클리드기하학에서, 합이 $\pi$인 세 각 $\alpha, \beta, \gamma$는 그들의 각들이 $\alpha, \beta, \gamma$인 삼각형을 유일하게 결정하는데에는 충분하지 않다. 각들이 이와 같은 순서로 이 값들을 갖는 합동이 아닌 삼각형이 무수히 많다. 모든 이런 삼각형은 서로 닮았다고 말한다. 다음 정리는 쌍곡기하학에서는 닮음성이 없음을 보여준다.

**[정리 3.14]** $\alpha, \beta, \gamma$가 조건 $\alpha + \beta + \gamma < \pi$를 만족하는 세 각이라면, 이 각들을 갖는 쌍곡삼각형이 존재하고 임의의 두 개의 그러한 삼각형은 쌍곡적으로 합동이다.

**[정리 3.15]** 쌍곡적으로 합동인 삼각형들은 같은 쌍곡면적을 갖는다.

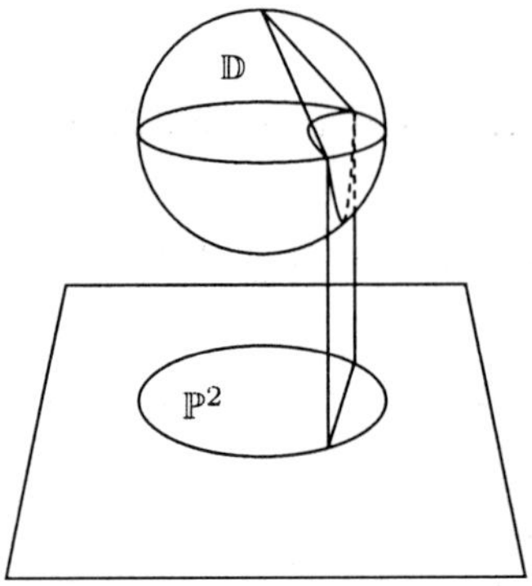


그림 3.19 𝔻와 그 사영 $\mathbb{P}^2$

## 3.9 사영원반모형

사영원반모형은 쌍곡직선의 상이 $\mathbb{R}^2$의 직선이 되도록 쌍곡평면을 $\mathbb{R}^2$로 사상함으로써 만들어진다. 벨트라미(Beltrami, 1868)에 의해 고안된 등각원반모형으로부터 이 모형을 구성하는 아주 간단한 방법이 그림 3.19에 있다. 위의 것은 고전적인 𝔻-직선이 그려진 원반 𝔻를 역입체사영에 의해 구의 아래 반쪽에 사상함을 보여준다. 1.1절에서 보았지만 입체사영은 원과 각을 보존한다. 따라서 𝔻-직선은 적도에 수직인 원으로 사상된다. 아래 반구에 있는 𝔻-직선의 상은 수직단면이고, 따라서 반구를 평면 $\mathbb{R}^2$ 위로 수직으로 투영시키면 𝔻-직선의 상은 직선이 된다.

𝔻의 이 변환 $T$가 분명히 전단사이므로, 이것은 다음 성질을 갖는 새로운 쌍곡평면의 모형을 정의한다.

- 영역 : $\mathbb{P}^2 = T\mathbb{D}$=열린단위원반
- $\mathbb{P}^2$-직선=𝔻-직선의 $T-$상=$\mathbb{P}^2$를 횡단하는 유클리드 직선 선분.
- $\mathbb{P}^2$-등거리변환=$TgT^{-1}$ ($g$ : 𝔻-등거리변환)

(다음에 보이겠지만) $\mathbb{P}^2$-등거리변환은 실제로는 $\mathbb{R}^2$의 사영사상이기 때문에 이 모형을 사영원반모형이라 부른다.

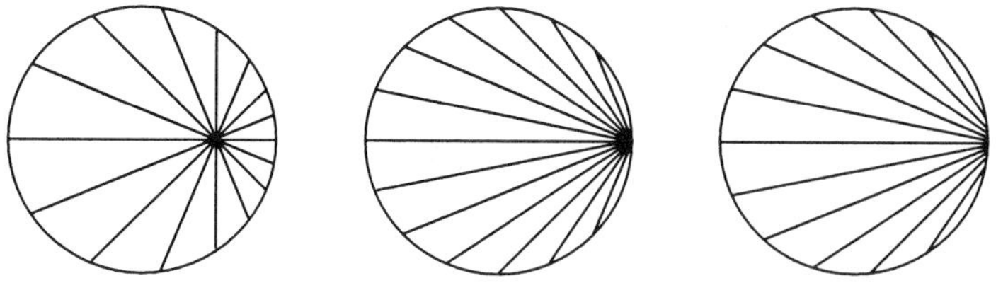

그림 3.20 사영원반모형에서 변환에 의해 치환된 직선족

사영원반모형은 각과 길이를 변형시키기 때문에 $\mathbb{D}$나 $\mathbb{H}$보다 덜 직관적인 것 같이 보인다. 그러나, $\mathbb{P}^2$-직선의 직선성은 다소간의 유리한 점이 있다. 예를 들어, 임의의 두 점을 지나는 유일한 쌍곡직선이 존재한다는 것은 분명해진다. 한 가지 다른 결과는 이렇다. **쌍곡다각형이 볼록이기 위한 필요충분조건은 그것의 모든 각이 $\pi$보다 작은 것이다**(푸앵카레, 1880). 이것은 $\mathbb{P}^2$-직선으로 이루어진 유클리드 다각형에 대해 분명한 사실이다. 따라서 이것은 $\mathbb{D}$ (이 안에서 각은 유클리드의 의미이다) 안에 있는 그것들의 역상에 대해서도 성립한다. (이는 $T$가 각이 $\pi$보다 작은 성질을 보존하기 때문이다.)

사영원반모형은 다른 모형에서는 거의 분별(구별)할 수 없는 사실을 우리에게 경고한다. 점 "초월 무한(beyond infinity)"에 대한 의미가 부여된다. 극한회전변환은 무한점에 관한 회전변환으로 볼 수 있음을 앞에서 보았다. 이제 쌍곡평행이동은 "초월 무한"에 관한 회전변환으로 볼 수 있음을 보일 것이다. 실제로, 회전변환, 극한회전변환과 평행이동에 의해 치환된 직선족은 사영원반모형에서 그림 3.20에서와 같이 나타난다. 3.6절에 따르면 평행이동에 의해 치환된 직선들은 평행이동의 불변선에 직교한다. 그것들이 공통 교점을 갖는 이유는 임의의 $\mathbb{P}^2$-직선 $\ell$에 수직인 직선들은 $\ell$의 끝점을 지나 단위원에 접하는 직선들의 교점인 $\ell$의 **극** $p(\ell)$을 지나기 때문이다(그림 3.21). 이것은 다음의 결과이다.

**[정리 3.16 (직교성 조건)]** $\mathbb{P}^2$-직선 $\ell$과 $m$이 $\mathbb{P}^2$-직교하기 위한 필요충분조건은 $p(m)$이 $\ell$ 위에 $p(\ell)$이 $m$ 위에 놓여 있는 것이다.

**증명** $C(\ell), C(m)$을 $T$에 의해 각각 $\ell, m$으로 보내지는 $\mathbb{D}$-직선이라 하자(그림 3.22). $C(\ell), C(m)$이 단위원에 직교하는 원이기 때문에 그들의 중심은 각

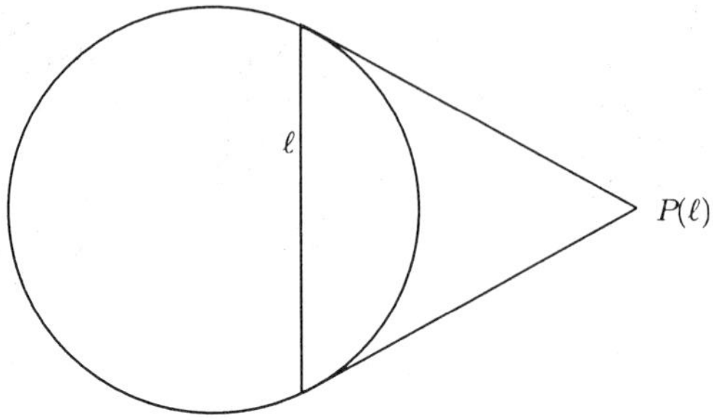


그림 3.21 $\ell$의 극 $p(\ell)$

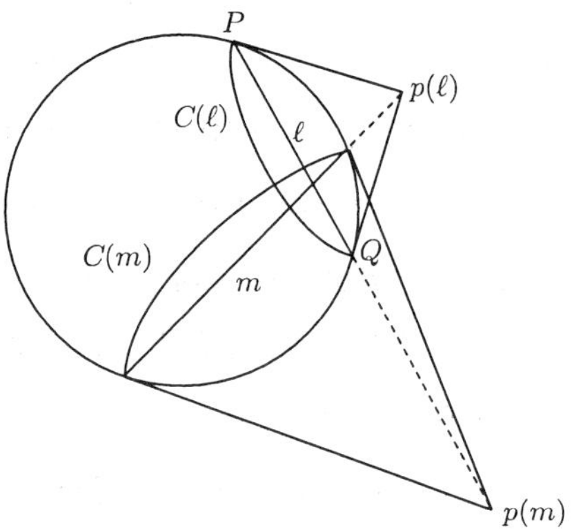


그림 3.22 $\mathbb{P}^2$-직선의 $\mathbb{P}^2$-직교성

각 $\ell, m$의 극 $p(\ell), p(m)$이다.

$C(\ell)$과 $C(m)$이 직교한다고 하자. 그러면 (그들 모두가 그들의 교점을 포함하고 $C(m)$과의 직교성을 보존하므로) $C(m)$에 대한 반전사상은 $C(\ell)$과 단위원을 자신 위로 사상한다. 따라서 그들의 교점 $P$와 $Q$를 교환한다. 그러나 반전사상의 정의에 의하면, 두 점이 반전사상에 의해 교환된다면 그것들을 지나는 유클리드 직선(이 경우에는 $\ell$)은 반전사상의 중심(이 경우에는 $p(m)$)을 지난다. 따라서 $p(m)$은 $\ell$ 위에 놓여 있고, 반사변환에 의해 $p(\ell)$은 $m$ 위에 놓여 있다.

역으로, $p(m)$이 $\ell$ 위에 있다면, $C(m)$에 관한 반전사상은 $\ell$과 단위원을 자신위로 사상하고, 따라서 $P$와 $Q$를 서로 교환하며, 결과적으로 $C(\ell)$을 자신 위

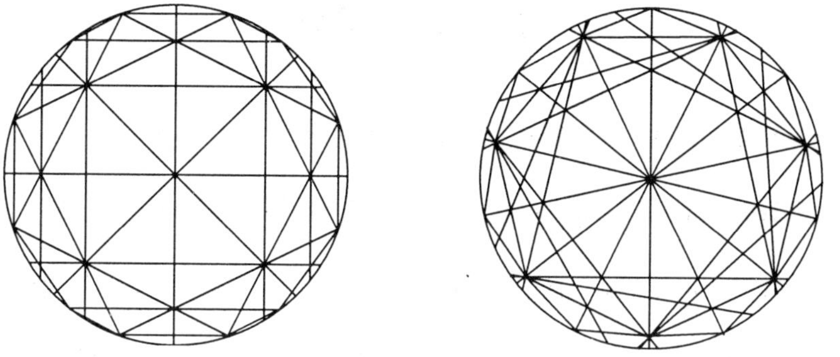

그림 3.23 쪽맞추기

로 보낸다. (이것은 이 반전이 $C(\ell)$을 $P$와 $Q$를 지나고 단위원에 수직인 원 위로 사상하고, $C(\ell)$이 그러한 조건을 만족하는 유일한 것이기 때문이다.) 그러나 이것은 $C(\ell)$이 $C(m)$과 수직임을 말한다. □

직교성 조건은 $\mathbb{P}^2$-등거리변환이 $\mathbb{R}^2$의 사영사상, 즉 유클리드 직선을 유클리드 직선으로 보내는 사상으로 확장될 수 있다는 표현상 분명하지만 미묘한 사실을 증명하는 데 사용될 수 있다. 따라서 $\mathbb{P}^2$-등거리변환은 원반 $\mathbb{P}^2$를 자신 위로 보내는 사영사상이다. 실제로 $\mathbb{P}^2$-등거리변환은 그러한 모든 사상이다. 이 사실을 증명하는 것은 사영기하학의 기본정리를 필요로 하여 지금으로서는 좀 어려우며 당장 필요치 않기 때문에 생략한다. 단지 이 사실의 한 가지 관심있는 결과만 언급하겠다. 쌍곡직선을 쌍곡직선으로 보내는 쌍곡평면의 유일한 사상은 등거리변환이다.

$\mathbb{P}^2$의 그림은 자주 볼 수 없는데 이는 아마도 세부 사항들이 $\mathbb{H}$-모형과 $\mathbb{D}$-모형에서 보다 경계에 더 압축되어 있기 때문일 것이다. 아직까지도 대부분의 세부 사항은 작은 면적을 가진 삼각형에 의한 쪽맞추기에서 볼 수 있다. 그림 3.23은 각 $\frac{\pi}{2}, \frac{\pi}{3}, \frac{\pi}{7}$(왼쪽)와 $\frac{\pi}{2}, \frac{\pi}{4}, \frac{\pi}{5}$(오른쪽)를 가진 삼각형에 의한 쪽맞추기를 보여 준다.

## 생각하는 문제

**1.** 점 $(8,4)$와 $(0,8)$을 잇는 측지선의 쌍곡길이를 구하라.

**2.** 점 $A(a,p)$와 $B(a,q)$를 잇는 측지선의 쌍곡중점 $M$을 구하라.

**3.** $y$ 축위의 두 점 $i$와 $i\beta$를 연결하는 측지선 선분의 $\mathbb{H}$-길이를 계산하라.

**4.** 단위원에 관한 반전사상이 $\mathbb{H}$-등거리변환임을 직접 계산에 의해 보여라.

**5.** $\mathbb{H}$상의 임의의 두 점 $z_1, z_2$를 지나는 $\mathbb{H}$-직선의 존재성을 보여주는 유클리드기하학적 구성을 하라.

**6.** 변환 $r_\vartheta$와 $\Omega_{OX}$를 $r_\vartheta(w) = \mathrm{rot}\,\vartheta(w)$와 $\Omega_{OX}(w) = \mathrm{ref}\,\vartheta(w)$로 표현할 수 있음을 증명하라.

**7.** $P, P'$을 원 $C \subset \mathbb{C}$에 관한 역상이라 하자. 알맞은 축을 택함으로써 이 두 점을 $\mathbb{H}$-직선 $C$에 관한 $\mathbb{H}$-거울상으로 볼 수 있음을 증명하라.

**8.** 앞의 문제를 이용해 $\mathbb{D}$-반사변환은 $\mathbb{D}$-직선에 관한 반전사상임을 유도하고, 따라서 각각의 $\mathbb{D}$-등거리변환은 많아야 세 개의 반전사상의 곱임을 보여라.

**9.** $\tau_\alpha$와 $d_\varrho$는 두 $\mathbb{H}$-반사변환의 곱임을 증명하라.

**10.** $\mathbb{H}$-등거리변환은 쌍곡각을 보존함을 증명하라.

**11.** $\mathbb{H}$-등거리변환은 측지선을 측지선으로 보냄을 보여라. 같은 명제가 $\mathbb{D}$에 대해서도 성립함을 증명하라.

**12.** 사상

$$w \mapsto \frac{w - w_1}{-\bar{w}_1 w + 1}$$

은 $w_1$을 $O$로 보냄을 관찰하고, $\mathbb{D}$ 상의 두 점 $w_1, w_2$ 사이의 $\mathbb{D}$-거리가

$$2\tanh^{-1}\left|\frac{w_2 - w_1}{1 - \bar{w}_1 w_2}\right|$$

임을 밝혀라.

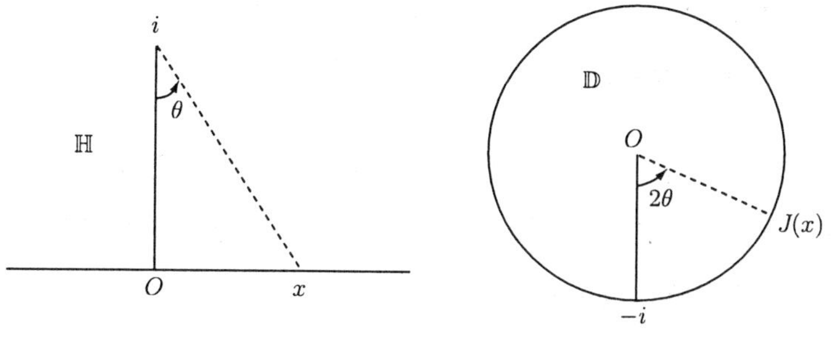


그림 3.24 ℍ에서 𝔻 위로의 사상 $J$

**13.** 위의 문제의 사상을 이용해 입체사영상이 $w_1, w_2$인 두 점 사이의 $\mathbb{S}^2$-거리가

$$2\tan^{-1}\left|\frac{w_2 - w_1}{1 + \bar{w_1}w_2}\right|$$

로 주어짐을 보여라.

**14.** 사상

$$w \mapsto \frac{(1 - i\sigma)w + i\sigma}{-i\sigma w + (1 + i\sigma)}$$

는 유일한 고정점이 1인 𝔻-등거리변환임을 밝혀라. 이러한 𝔻-등거리변환을 1에 관한 극한회전변환이라 부른다.

**15.** 위의 사실로부터 임의의 𝔻-등거리변환은 다음의 형태를 가짐을 보여라.

(O에 관한 회전변환)(1에 관한 극한회전변환)(O에 관한 회전변환).

**16.** 사상 $J(z) = \dfrac{iz + 1}{z + i}$은 실축을 단위원으로 그림 3.24처럼 사상함을 보여라.

**17.** $\ell, m$이 점근 ℍ-직선이고 $\ell'$이 $\ell, m$의 공통 끝점을 공유하는 임의의 ℍ-직선이라면, $\Omega_m\Omega_\ell = \Omega_{m'}\Omega_{\ell'}$을 만족하는 ℍ-직선 $m'$이 존재함을 증명하라.

**18.** 위의 문제에서 $\ell, m, \ell'$이 공통수선을 갖는 ℍ-직선이라 해도 같은 결과가 성립함을 보여라.

**19.** 공식 "면적$(\Delta_{\alpha\beta\gamma}) = \pi - (\alpha + \beta + \gamma)$"는 각 $\alpha, \beta, \gamma$ 중의 둘 또는 셋이 0이 되더라도 성립함을 증명하라.

**20.** $\Sigma$가 쌍곡 $n$-각형이고, "결손$(\Sigma) = (n-2)\pi -$ ($\Sigma$의 각의 합)"이라면 "면적$(\Sigma) =$ 결손$(\Sigma)$"임을 보여라. $n = 2$인 경우를 이용해 두 점 사이의 쌍곡 직선은 유일함을 증명하라.

**21.** 정리 3.12를 증명하라.

**22.** 정리 3.13을 증명하라.

**23.** 교차하지 않고, 점근적이 아닌 임의의 두 쌍곡 직선은 유일한 공통수선을 가짐을 보여라.

**24.** $\mathbb{P}^2$와 교차하는 $\mathbb{P}^2$-직선의 극대집합을 **내부속**이라 하고, 단위원 $\partial\mathbb{P}^2$와 만나는 $\mathbb{P}^2$-직선의 극대집합을 **경계속**이라 하고, $\mathbb{P}^2 \cup \partial\mathbb{P}^2$에 있지 않은 점과 만나는 $\mathbb{P}^2$-직선의 극대집합을 **외부속**이라 한다. $\mathbb{P}^2$-등거리변환은 각 속을 같은 종류의 속으로 보냄을 증명하라.

**25.** $\mathbb{P}^2$-등거리변환 $g : \mathbb{P}^2 \to \mathbb{P}^2$를 다음 조건을 만족하도록 사상 $g^* : \mathbb{P}^2 \to \mathbb{P}^2$로 확대하라. $P \notin \mathbb{P}^2$의 $g^*$-상이 $P$를 지나는 속의 $g$-상 속의 중심이 된다. $g^*$는 $\mathbb{P}^2$를 지나는 유클리드 직선을 $\mathbb{P}^2$를 지나는 유클리드 직선으로 보냄을 증명하라.

**26.** 내부속 또는 경계속의 원소들의 극들의 집합은 $\mathbb{P}^2$의 밖에서 유클리드 직선을 형성한다.

**27.** 생각하는 문제 25의 $g^*$는 $\mathbb{P}^2$ 밖의 유클리드 직선을 $\mathbb{P}^2$ 밖의 유클리드 직선으로 사상함을 보여라.

**28.** $\mathbb{P}^2$의 두 점 $P, Q$ 사이의 직선의 길이 $d_p(P, Q)$를 정의하고 삼각부등식을 증명하라.

**29.** $\mathbb{P}^2$에서 각의 내부를 정의하라.

**30.** $\mathbb{P}^2$에서 삼각형을 정의하고, $P, Q$와 $R$이 세 개의 공선점이 아닌 $\mathbb{P}^2$의 점이라면, $P, Q$와 $R$을 꼭지점으로 하는 유일한 삼각형이 존재함을 증명하라.

**31.** 푸앵카레 모형에서, 직선 $\ell_1$과 $\ell_2$가 평행이고, 직선 $\ell_2$와 $\ell_3$이 평행이라 가정하자. $\ell_1$과 $\ell_3$이 반드시 평행인가?

**32.** $z_2$가 단위원 위의 점으로 갈 때 푸앵카레 모형의 거리 $d(z_1, z_2)$는 $\infty$로 감을 증명하라.

**33.** $z_1, z_2, z_3$이 이 순서대로 '직선' 위에 있다고 가정하자.

$$d(z_1, z_2) + d(z_2, z_3) = d(z_1, z_3)$$

임을 증명하라.

**34.** $z_1, z_2, z_3$을 푸앵카레 모형의 점이라 가정하자.

$$d(z_1, z_2) = d(w_1, w_2)$$

이기 위한 필요충분조건은 단위원반을 자신 위로 $T(z_j) = w_j\ (j = 1, 2)$를 만족하며 사상하는 뫼비우스 변환 $T$가 존재하는 것임을 증명하라. (도움말: 먼저 $z_2$와 $w_2$를 원점으로 사상하는 뫼비우스 변환을 구하라.)

**35.** 푸앵카레 모형에 대한 삼각부등식

$$d(z_1, z_2) + d(z_2, z_3) \geq d(z_1, z_3) \qquad (z_1, z_2, z_3 \in \Delta)$$

을 증명하라. (도움말: 점 $z_2$를 원점으로 사상하는 뫼비우스 변환을 이용하라.)

**36.** 푸앵카레 모형의 '원'을 기술하라.

**37.** 푸앵카레 모형에서 '직선'이 주어질 때, $z$에서 주어진 '직선' $\ell$까지의 거리가 상수인 점 $z$의 자취는 무엇인가?

**38.** 본문 토의에서, 단위원의 내부가 쌍곡 평면으로 선택되었다. 다른 임의의 원의 내부도 이 목적에 동등하게 적당하다. 특히, 수평선으로 직선, 예를 들면 실축을 택할 수 있다. 그러면 쌍곡 평면 $\mathcal{D}$는 위 반평면 $\Im z > 0$가 된다. 이 $\mathcal{G}$-기하학에서 운동의 군은 양의 행렬식을 갖는 모든 실 뫼비우스 변환의 군이다. 이 경우에 쌍곡 직선은 실축에 수직인 반원이다. 거리 함수 $f(z_1, z_2)$는 1.9절, 문제 3의 방법에 의해 찾을 수 있다. $z_0 = i$로 놓고, $\mathfrak{T}$를, $\mathfrak{T}(i) = 0$이 되도록, 위반평면을 단위원의 내부로 사상하는 뫼비우스 변환이라 하자. 만약 $z_2 = x_2 + iy_2$이면, $\mathfrak{T} = \begin{pmatrix} i & 1 \\ 1 & i \end{pmatrix}$이고 $\mathfrak{H}_{z_2}(z) = \dfrac{z - x_2}{y_2}$라 하자. 그러면

$$f(z_1, z_2) = \left| \frac{z_1 - z_2}{z_1 - \bar{z}_2} \right| = (z_1, \bar{z}_1; z_2, \bar{z}_2)^{\frac{1}{2}}$$

이 된다.

모든 기하학적 목적에 있어서 쌍곡기하학의 이 '반평면 모형'은 '단위원 모형'과 전적으로 동치이다. 해석함수의 이론에서의 이것의 응용의 측면에서 후자를 선호한다.

**39.** 쌍곡기하학의 다른 형태, 즉 유클리드기하학의 원소들에 의한 표현이 존재한다. 단위원의 내부에서의 쌍곡기하학은 입체사영을 통해 위 반구로 전환될 수 있다. 그러면 적도는 수평선의 역할을 하고, 쌍곡직선은 적도에 수직인 구면 반원에 의해 표현된다. 이것의 평면은 적도의 평면에 수직이다. 운동군의 대수적 표현은 1.8절, 생각하는 문제 4에서 확립되었다.

사영사상, 즉 중심으로서 $\zeta$-축의 무한점으로부터의 투시를 한번 더 시행하여, 단위원의 내부로 되돌아 올 수 있다. 이 평행 사영사상에 의해 적도에 수직인 구면 반원이 단위원 내의 유클리드 선분 위로 사상함을 쉽게

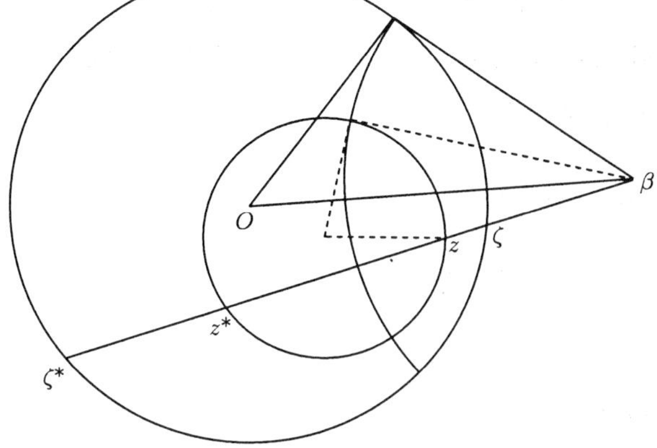


그림 3.25

알 수 있다. 따라서, 직선이 단위원의 현에 의해 나타내어지는 쌍곡기하학의 다른 모형에 이른다. 이 모형에서 쌍곡 운동들의 군은 단위원을 불변시키는 평면에서의 모든 사영 변환의 군에 의해 나타날 수 있다. 이 변환은 (1.34)에 주어져 있다.

위반구를 단위원의 내부로 사상하는 평행 사영사상은 북극을 제외하고는 등각적이 아니기 때문에, 두 번째 단위원 모형에서 쌍곡 각의 측도는 일반적으로 대응하는 유클리드 각의 측도와 다르다는 것은 명백하다.

앞으로의 모든 문제에서, (푸앵카레 원 모형이라고도 부르는) '등각 단위원반 모형'을 이용한다.

**40.** $\mathcal{D}$ 안의 직교원, 즉 쌍곡 직선에 관한 반전사상을 **쌍곡대칭사상**이라 부른다. 이 대칭사상의 주된 성질은 다음과 같다. 쌍곡 대칭사상은 단위원의 내부를 자기자신 위로 사상하고 (곡선으로서) 단위원을 불변시킨다. 단위원 내부($|z| < 1$)의 모든 점 $z$에 대해 쌍곡적으로 대칭인 점 $z^*$도 또한 단위원의 내부에 놓인다(그림 3.25). 쌍곡 대칭사상은 쌍곡 직선을 쌍곡 직선에 사상한다. 쌍곡거리는 쌍곡 대칭사상에 관해 불변이다.

**41.** $\mathcal{D}$ 안의 주어진 쌍곡 선분 $(z_1, z_2)$에 대해, 0이 하나의 끝점이고 다른 한

끝점은 실축 위에 있도록 하는 표준 위치에서, 합동 선분을 기하학적 구성에 의해서 찾아라. 같은 방법으로, 주어진 삼각형에 대해, 표준위치에서 합동 삼각형을 구하라.

**42.** 쌍곡거리 $D(z_1, z_2)$가

1. 쌍곡운동에 의해 불변이고,
2. 음이 아니고,
3. 하나의 쌍곡직선위에서 가법적

이라면, 양의 상수 인자를 고려해서, 이 함수의 유일성을 증명하라. 불변성은 $\phi(u)$가 $0 \le u < 1$에 대해 음이 아닌 실함수일 때, $D(z_1, z_2) = \phi[f_{-1}(z_1, z_2)]$를 유도한다. 여기서 $f_{-1}$는 거리함수

$$f_{-1}(z_1, z_2) = \frac{|z_1 - z_2|}{|1 - \bar{z}_2 z_1|}$$

으로 주어진 대칭함수이다.

$D$의 가법성은 $\phi(u)$에 대해 함수 방정식

$$\phi\left(\frac{x_1 - x_2}{1 - x_1 x_2}\right) = \phi(x_1) - \phi(x_2), \qquad (x_1 \ge x_2)$$

를 유도하고, 따라서 $\phi(u)$는 단조적이고 $\phi(0) = 0$인 것은 분명하다. 이것은 또한 연속이다. 실제로 $\lim_{u \to +0} \phi(u) = \alpha$이면, $\alpha \ge 0$이다. 함수 방정식으로부터

$$\lim_{x_1 \to x_2 + 0} \phi(x_1) = \phi(x_2) + \alpha$$

가 성립하고, 단조함수는 오직 가산 개의 불연속점만 가질 수 있으므로, $\alpha = 0$, 즉 $\phi(u)$는 오른쪽으로부터 연속이다. 함수 방정식은 $\phi(u)$가 왼쪽으로부터도 또한 연속이고 따라서 연속임을 유도한다.

방정식의 하나의 해가 알려져 있다. $\phi(x) = \tanh^{-1} x$. $\psi(x)$를 다른 해라 놓으면

$$\psi^{-1}[\psi(x_1) - \psi(x_2)] = \phi^{-1}[\phi(x_1) - \phi(x_2)]$$

가 성립한다. 따라서 $\phi(x_i) = X_i$와 $\psi[\phi^{-1}(X)] = F(X)$라 놓으면, $F(X)$에 대해 잘 알려진 함수 방정식

$$F(X_1) - F(X_2) = F(X_1 - X_2)$$

를 얻고, $c$가 상수일 때, 이 방정식의 모든 연속 해는 $F(X) = cX$에 의해 주어진다. 따라서 $\psi(x) = c\phi(x)$이다.

**43.** $\mathcal{D}$의 점 $z_0$을 지나지 않는 주어진 쌍곡 직선 $\mathfrak{l}$에 초평행인 $z_0$을 지나는 모든 쌍곡 직선은 $z_0$을 지나는 두 개의 쌍곡 평행선에 의해 형성되는 외부각 안에 존재한다. 임의의 두 개의 교차하지 않는 $\mathfrak{l}$에 초평행인 직선은 공통 수직 쌍곡 직선을 가짐을 보여라.

**44.** 각의 합이 영인 점근 삼각형을 구성하라. 두 개의 평행하지 않는 쌍곡 직선에 대해 네 개의 공통 쌍곡 평행선이 존재함을 보여라.

**45.** 이 기하학에 대한 외계 원소일지라도, 그들은 가끔 유용하게, 예를 들어 식 (1.19)에서 예시된 것처럼 거리 함수의 정의에서 사용된다.

**46.** 쌍곡 반지름 $r$을 갖는 쌍곡 원과 쌍곡적으로 합동인 0에 관한 원은 유클리드 반지름 $\rho = \tanh \frac{1}{2} r$을 갖는다.

**47. (쌍곡 기하학에서의 면적)** $\mathfrak{A}$를 하나, 또는 그 이상의 단일 닫힌 곡선에 의해 둘러싸인 닫힌 영역이라 하자. $\mathfrak{A}$의 면적 $m(\mathfrak{A})$로 다음 성질을 가진 음이 아닌 수를 도입한다.

(i) $\mathfrak{A}$의 함수로, $m(\mathfrak{A})$는 가법적, 즉 $\mathfrak{A}$가 두 개의 겹치지 않는 부분 $\mathfrak{A}_1, \mathfrak{A}_2$로 이루어지면, $m(\mathfrak{A}) = m(\mathfrak{A}_1) + m(\mathfrak{A}_2)$이다.

(ii) 영역이 **불변**, 즉 $\tilde{\mathfrak{A}}$가 쌍곡 운동 또는 대칭사상에 의한 $\mathfrak{A}$의 상이라면, $m(\tilde{\mathfrak{A}}) = m(\mathfrak{A})$이다.

$m(\mathfrak{A})$를 영역 $\mathfrak{A}$ 위에서 취한 이중적분으로 정의한다. 그러면, 가법성을 보장한다. 불변조건을 형성하기 위해, 이중적분에 대한 변환식을 적용한

다. 이것을 위해 뫼비우스 변환 $w = \mathfrak{H}(z) = \dfrac{az+b}{cz+d}$의 함수 행렬식 야코비안(Jacobian)이 필요하다. $z = x + iy$, $w = X + iY$라 놓으면, 이 행렬식은

$$\Delta(z) = \frac{\partial X}{\partial x}\frac{\partial Y}{\partial y} - \frac{\partial X}{\partial y}\frac{\partial Y}{\partial x} = \left|\frac{d\mathfrak{H}(z)}{dz}\right|^2 = \left|\frac{ad-bc}{(cz+d)^2}\right|^2 \qquad (3.3)$$

이 된다. $w = \mathfrak{H}_{z_1}(z) = \dfrac{z-z_1}{1-\bar{z}_1 z}$이면, 이 행렬식은

$$\Delta_{z_1}(z) = \frac{(1-|z_1|^2)^2}{|1-\bar{z}_1 z|^4} \qquad (3.4)$$

이 될 것이다.

이제 $\psi(z)$가 단위원의 내부에서 정의된, 두 실변수 $x, y$에 관해 양수이고, 연속이며 미분가능한 실함수라 놓자.

$$m(\mathfrak{A}) = \int\!\!\int_{\mathfrak{A}} \psi(z)dxdy \qquad (3.5)$$

를 생각하자. 쌍곡 운동 $w = \mathfrak{H}_{z_1}(z)$에 관한 불변성은 다음의 방법으로 표현된다.

$$\begin{aligned} m(\tilde{\mathfrak{A}}) &= \int\!\!\int_{\tilde{\mathfrak{A}}} \psi(w)dXdY \\ &= \int\!\!\int_{\mathfrak{A}} \psi[\mathfrak{H}_{z_1}(z)]\Delta_{z_1}(z)dxdy = \int\!\!\int_{\mathfrak{A}} \psi(z)dxdy. \end{aligned}$$

$\mathfrak{A}$를 $\mathcal{D}$ 안의 하나의 점으로 축소하고 이중적분에 대한 평균값정리에 기반을 둔 '공간미분'의 과정을 이용함으로써 적분 조건으로부터 미지 함수 $\psi(z)$에 관한 다음의 함수방정식을 끌어 낼 수 있다.

$$\psi[\mathfrak{H}_{z_1}(z)] \cdot \Delta_{z_1}(z) = \psi(z). \qquad (3.6)$$

$x$와 $x_1$을 실수라 하자. $x_1$을 실축

$$X = \frac{x-x_1}{1-x_1 x}$$

위의 쌍곡 운동들의 족의 매개변수로 생각한다. 이 $X$에 대해 불변 조건 (3.6)은

$$\psi(X)(1-x_1^2)=(1-x_1x)^4\psi(x)$$

가 된다. 이것은 매개변수 $x_1$에 대한 항등식이다. 이것을 $x_1$에 관해 미분하고 $x_1=0$으로 놓음으로써 함수 $\psi(x)$에 대한 다음의 선형 상미분방정식을 얻는다.

$$(x^2-1)\psi'(x)=-4x\psi(x).$$

따라서 임의의 양의 실수 $k$에 대해

$$\psi(x)=\frac{k}{(1-x^2)^2} \tag{3.7}$$

이고,

$$\psi(z)=\psi(|z|)=\frac{k}{(1-|z|^2)^2} \tag{3.8}$$

이다. 따라서 (3.5)에 의해

$$m(\mathfrak{A})=k\int\int_{\mathfrak{A}}\frac{dxdy}{(1-|z|^2)^2}=k\int\int_{\mathfrak{A}}\frac{\rho d\rho d\theta}{(1-\rho^2)^2} \tag{3.9}$$

를 얻는다. 여기서 두 번째 적분에서는 극좌표 $\rho,\theta$를 이용했다.

만약 $\mathfrak{A}$가 $\mathcal{D}$ 안의 원형 원반이고, $r$이 이것의 쌍곡 반지름이며 $\rho_0$이 중심으로 0을 갖는 쌍곡적으로 합동인 원반의 유클리드 반지름이라면, 두 번째 적분 (3.9)는 쉽게 계산될 수 있다.

$$m(\mathfrak{A})=2\pi k\int_0^{\rho_0}\frac{\rho d\rho}{(1-\rho^2)^2}=\pi k\frac{\rho_0^2}{1-\rho_0^2}=\pi k\sinh^2\frac{1}{2}r.$$

이 식이 쌍곡 반지름 $r$의 작은 값에 대해 원의 면적에 대한 대응하는 유클리드 공식과 근사적으로 일치하기 위해서는

$$k=4 \tag{3.10}$$

를 취해야만 한다.

**48.** 쌍곡반지름이 $r$인 원의 원주의 쌍곡길이는

$$L = 2\pi \sinh r$$

과 같다.

**49.** 쌍곡기하학의 사영 모형의 경우에서 대응되는 문제의 처리를 약술하는 것이 관심거리일 것이다. 쌍곡 평면(즉, 그 안에서 직선 선분이 쌍곡 직선을 표현하는 단위원의 내부)은 그것이 $\zeta$-축에 평행인 사영변환에 의해 북쪽 반구의 상으로서 나타나도록 $\mathbf{N}$에서 구를 접하는 사영평면 $\Pi$ 안에 놓일 수 있다. 동차좌표 $X, Y, Z$를 갖는 쌍곡 평면의 점 $\mathbf{Q}$는

$$\frac{X}{Z} = \xi, \qquad \frac{Y}{Z} = \eta \qquad (\xi^2 + \eta^2 + \zeta^2 = 1)$$

에 의해 결정될 것이다. 단위원(즉, 쌍곡 평면의 수평선, 또는 절대, 또는 무한)의 방정식은

$$X^2 + Y^2 - Z^2 = 0$$

이다. 이것의 모든 내부점은 부등식

$$X^2 + Y^2 - Z^2 < 0$$

에 의해 특성화된다. 따라서

$$X^2 + Y^2 - Z^2 = -1 \qquad (3.11)$$

로 놓음으로써 동차좌표를 표준화할 수 있다.

$\Pi$에서의 쌍곡운동은, 두 점이 $\mathbf{Q}_1(X_1, Y_1, Z_1), \mathbf{Q}_2(X_2, Y_2, Z_2)$일 때, 그것의 유일한 독립 두 점 불변이 '로렌츠(Lorentz)-스칼라 곱'

$$[\mathbf{Q}_1\mathbf{Q}_2] = X_1X_2 + Y_1Y_2 - Z_1Z_2$$

인 3차원 로렌츠 변환(1.8절, 생각하는 문제 4)에 의해 표현된다.

두 점 $\mathbf{Q}_1, \mathbf{Q}_2$의 쌍곡 거리는, $\phi(u)$가 $u$의 음이 아닌 연속 단조함수일 때, 형태

$$D(\mathbf{Q}_1, \mathbf{Q}_2) = \phi([\mathbf{Q}_1\mathbf{Q}_2])$$

로 나타날 것이다.

이제 다음 코시-슈바르츠 부등식의 '로렌츠 유사'의 결과인

$$[\mathbf{Q}_1\mathbf{Q}_2]^2 \geq 1 \tag{3.12}$$

을 살펴보자. (3.11)의 고려 없이, $[\mathbf{Q}_1\mathbf{Q}_1] < 0$이면

$$[\mathbf{Q}_1\mathbf{Q}_2]^2 \geq [\mathbf{Q}_1\mathbf{Q}_1][\mathbf{Q}_2\mathbf{Q}_2]$$

를 얻는데 등호가 성립할 필요충분조건은 $X_1, Y_1, Z_1$과 $X_2, Y_2, Z_2$가 비례적인 것이다. 이 부등식을 증명하기 위해 실변수 $\lambda$에 관한 2차 함수

$$\begin{aligned}
&[(\lambda\mathbf{Q}_1 + \mathbf{Q}_2)(\lambda\mathbf{Q}_1 + \mathbf{Q}_2)] \\
&= (\lambda X_1 + X_2)^2 + (\lambda Y_1 + Y_2)^2 - (\lambda Z_1 + Z_2)^2 \\
&= [\mathbf{Q}_1\mathbf{Q}_1]\lambda^2 + 2[\mathbf{Q}_1\mathbf{Q}_2]\lambda + [\mathbf{Q}_2\mathbf{Q}_2]
\end{aligned}$$

를 생각하자. 이것은 큰 $\lambda$에 대해 음수이지만, $\lambda = -\dfrac{Z_2}{Z_1}$에 대해서는 양 또는 0이다. ($X_1^2 + Y_1^2 - Z_1^2 < 0$이므로 $Z_1 \neq 0$이다.) 후자의 경우에서 함수는 실제로 값

$$\left(X_2 - \frac{Z_2}{Z_1}X_1\right)^2 + \left(Y_2 - \frac{Z_2}{Z_1}Y_1\right)^2 \geq 0$$

을 갖는다. 따라서 $\lambda$에 관한 2차 함수는 판별식

$$[\mathbf{Q}_1\mathbf{Q}_2]^2 - [\mathbf{Q}_1\mathbf{Q}_1][\mathbf{Q}_2\mathbf{Q}_2] \geq 0$$

를 갖고, 0이 될 필요충분조건은 $\dfrac{X_2}{X_1} = \dfrac{Y_2}{Y_1} = \dfrac{Z_2}{Z_1}$인 것이다.

쌍곡 거리 $D$의 가법성은 쌍곡 직선위의 임의의 세 점 $\mathbf{Q}_1, \mathbf{Q}_2, \mathbf{Q}_3$이 이 순서로 있을 때,

$$\phi(-[\mathbf{Q}_1\mathbf{Q}_2]) + \phi(-[\mathbf{Q}_2\mathbf{Q}_3]) = \phi(-[\mathbf{Q}_1\mathbf{Q}_3]) \tag{3.13}$$

을 유도한다. 불변성에 의해 이 직선을 $-1 < X < 1$로, 따라서

$$\begin{aligned}
\mathbf{Q}_2 &: X_2 = 0, \quad Y_2 = 0, \quad Z_2 = 1 \\
\mathbf{Q}_1 &: X_1 < 0, \quad Y_1 = 0, \quad Z_1 = \sqrt{1 + X_1^2} \\
\mathbf{Q}_3 &: X_3 > 0, \quad Y_3 = 0, \quad Z_3 = \sqrt{1 + X_3^2}
\end{aligned}$$

으로 가정할 수 있다. 그러므로 (3.13)에 의해

$$\phi\left[\sqrt{1+X_1^2}\right] + \phi\left[\sqrt{1+X_3^2}\right] = \phi\left[-X_1X_3 + \sqrt{1+X_1^2}\sqrt{1+X_3^2}\right],$$

또는

$$\begin{aligned}
1 + X_1^2 = u, &\quad X_1 = -\sqrt{u^2 - 1} \\
1 + X_3^2 = v, &\quad X_3 = \sqrt{v^2 - 1}
\end{aligned}$$

이면,

$$\phi(u) + \phi(v) = \phi\left[uv + \sqrt{u^2-1}\sqrt{v^2-1}\right]$$

이다. 이것은 편각 $u > 1$에 대해[식 (3.12) 참고], $c$가 양의 상수일 때, 연속 단조해로서 함수 $\phi(u) = c \cosh^{-1} u$만 갖는다.

# 4. 비유클리드기하학의 문화적 충격

그리스 기하학의 황금기부터 19세기 기하학의 황금기까지 유클리드기하학은 현실 세계와 관련되었다는 것이 의심할 여지없이 받아들여졌다. 유클리드기하학은 우리의 우주 —우리가 살고있는 물리적 공간— 의 성질과 떨어질 수 없이 연결되어 있었다. 비유클리드기하학의 발견은 이 연결고리 역할을 한다. 물리적 공간이 갑자기 다른 기하학에 의해 서술될지도 모를 일이었다. 비유클리드기하학의 초기 연구자들의 연구에서 가장 혼란스러운 결과는 바로 이것이었다. 우리들 자신의 공간은 유클리드가 아닐 수도 있다. 가우스가 그의 연구를 발표하기를 거부한 것도 이 결론 때문이다.

## 4.1 기하학과 곡선화 공간

공간이 굽어있을 지도 모르는 것을 인지하지 못하고 그렇게 오랫동안 어떻게 살 수가 있었을까? 우리들의 무지(맹목성)는 모든 절대기하학은 자신의 지식이 그들의 공간의 작은 부분에 제한된 사람들에게는 거의 유클리드로 나타나는 사실로부터 기인한다. 우리들은 개인적으로 3차원의 극히 일부분만 알고 있기 때문에 우리들의 공간이 굽었다는 감각의 근간에 대해 어떤 생각도 할 수가 없다.

평면 절대기하는 국지적으로 유클리드라는 사실이 구면의 2차원 곡면에 살고 있는 우리들의 경험의 일부이다. 우리가 움직이고 있는 3차원에 대한 인지에 관한 상황도 비슷하다. 평면과의 유사성이 가우스와 다른 수학자들을 우리가 살고 있는 3차원 기하학은 굽었을 수도 있다는 혁명적 사고를 하게 만들었다.

물론 지구의 곡면을 지구 밖에서 바라볼 수 있는 사람은 지구가 굽은 것을 본다. 그리고 지금까지는 모든 사람이 그러한 관점의 사진을 보아왔다. 그러나 누가 3차원 공간을 공간 밖, 또는 우주 밖 관점에서 보았는가?

가우스의 기본적인 발견 중의 하나는 공간의 곡률을 내재적으로 측정 —즉 그 안에서 취한 측정— 할 수 있는 방법이다. 그의 방법은 2차원 공간 뿐만 아니라 3차원에도 적용된다. 이 발견으로 인해 우주의 곡률을, 예를 들어 직선으로 광선을 이용하고 멀리 있는 별을 관찰하여, 결정하기 위한 많은 시도가 있었다. (가우스는 호헨하겐 산, 브로큰 산과 인셀버그 산의 정상을 이용해 측정을 시도한 것으로 유명하다.) 불행하게도 (3차원) 공간의 곡률을 측정하는 모든 시도는, 실험 오차를 고려하여, 0에 매우 가까운 값을 얻어서, 공간이 타원형, 포물형(유클리드), 또는 쌍곡형인지 결정하는 것이 불가능하다.

실제로 물리적 측정은 공간의 곡률이 0이고, 따라서 물리적 공간의 기하학이 유클리드라는 것을 결코 증명할 수 없다. 비록 어떤 실험적 측정에서 공간의 곡률이 0으로 떨어졌다 하더라도 모든 측정에는 약간의 오차폭이 있기 때문에 항상 의심의 여지가 있다.

얄궂게도, 만약 공간이 굽었다면, 우리가 그것을 알 수 있는 어떤 희망은 있다. 미래의 실험은 공간의 곡률이 분명히 양이거나 음이라는 값을 얻을 수 있을지 모른다. 그러나, 공간이 유클리드라면 우리는 결코 알 수 없을 것이다.

## 4.2 의미의 문제

기하학을 물리적 세계와의 직접 연결로부터 분리함으로써 비유클리드기하학은 수세기 동안 일반적으로 수학이, 특별히 기하학이, 의심할 바 없이 현실 세계와 관련되어있다는 사고에 의존했던 수학의 기본적인 의미를 의심하게 만들었다. 결과적으로, 수학은 실제로 현실 세계에 어느 때 우연히 적용될 수 있지만, 그것 자신의 존재는 물리적 실제와 상당히 동떨어진 단지 추상적인 게임일 뿐이라는 느낌(감정)이 수학자들 사이에 커졌다. 다소의 수학자들에게는 현실의 자연(특성)이 추상이 되었고, 어떤 객관적인 (대상이 되는) 물리적 자연과 유리되었다. 그래서 푸앵카레는 다음과 같이 썼다.

> 인간의 지성으로는 자연에서 발견된다고 생각하는 조화는 인간의 지성 밖에 존재하는가? 아니다. 의심의 여지없이 현실을 감지하고, 보고, 느끼는 마음과 전혀 무관한 현실은 불가능하다. 그것이 존재한다고 해도 외부로부터의 세계를 우리는 영원히 접근할 수 없다. 그러나, 우리가 객관적인 (대상으로 삼는) 현실이라 부르는 것은, 지난 분석에서, 많은 생각하는 물체에 공통인 것은 그리고 모든 것에 공통일 수 있는 것은, 이 공통부분은, 나중에 보겠지만, 수학적 법칙에 의해 표현된 조화가 될 수 밖에 없다. 그러면 단독으로 대상으로 삼고 있는 현실, 우리가 얻을 수 있는 유일한 진실은 바로 이 조화이다.

여기서 푸앵카레는 대상으로 삼는 현실 또는 적어도 그것을 알고 싶어하는 우리의 능력의 존재성을 거부하고, 동시에 대상으로 삼는 현실의 자연(특성)은 수학적이어야만 한다는 것을 유지한다.

이와 반대로 물리적 현실을 다루기 위해 비유클리드기하학을 사용한 과학자 아인슈타인은 다음과 같이 말했다.

> 모든 과학 중에 수학은 특별히 고도의 가치를 지닌다. 이는 다른 과학분야들이 어느 정도까지는 논란의 여지가 있고, 그들의 결과가 새로운 발견에 의해 뒤집어질 위험성이 항상 있는 반면, 수학의 정리들은 절대적으로 옳고 논란의 여지가 없기 때문이다. 그러나 다른 몇 가지 과학 분야를 연구하는 과학자들이 수학을 시기하는 것은 옳지 않다. 이는 수학의 정리(공리)들이 실제 개체에 의존하는 것이 아니라 우리들의 상상의 개체에 전적으로 의존하기 때문이다. 이러한 관점에서 언제나 연구자들을 걱정하게 하는 수수께끼가 하나 있다. 만약 수학이 어떤 경험과도 관련되지 않은 단지 인간의 생각의 산물이라면, 수학과 현실 개체 사이에 놀랄만한 대응이 어째서 존재하는가? 인간의 마음은 어떤 경험도 없이 단지 반향의 방법으로 현실 개체의 성질들을 이해할 수 있는가?
>
> 내 생각에는 이 질문에 대한 엄밀한 해는 바로 이것이다. 수학의 정리들이 현실세계를 반영하기 위해 적용될 수 있는 범위까지는 그들은 정확하지 않다. 그것들이 현실을 참고하지 않는 범위까지는 그것들이 정확하다.

따라서 아인슈타인은 수학적 사고들은 필요한 물리적 의미를 갖지 않는다고 믿는다. (푸앵카레처럼) 사람이 대상이 되는 현실을 의심하거나, (아인슈타인처럼) 현실을 믿지만 수학은 그것과 필요한 관계를 갖지 않는다고 느끼건 간에 요점은 비유클리드기하학의 발견은 문제를 일으켰다는 것이다. 수학과 현실 사이의 관계는 무엇인가? 비유클리드기하학을 발견하기 전에 살았던 많은 수학자 세대의 관점에서는 이 문제의 존재는 혁명적이고 수학적 진실의 특성의 전복이었다.

수학이 자기 자신을 위한 강조를 하기 시작한 20세기가 이 혁명의 효과 중의 하나이다. 지난 80년 동안 수학이 주목할 만하게 성장했음을 볼 수 있는데 그것의 대부분은 꽤 추상적이고 대부분 사람들이 대상이거나 물리적 현실이라 부르는 것과 유리되었다. 이러한 방법으로 비유클리드기하학의 발견은 수학에 대한 의미의 손실에 이바지하였다.

## 4.3 엄밀성의 문제

유클리드를 공격하는 동안, 19세기의 기하학자들은 증명의 새로운 표준을 발전시켰다. 이 방향으로의 노력이 **집합론**과 **수리 논리** 같은 새로운 분야의 개발에서 절정기에 다다랐다. 솔직히 말하면, 기하학은 이 발전의 유일한 원인이 되지 못했다. 동등하게, 또는 아마도 더 중요하게, 비유클리드기하학의 개발에서처럼 전 19세기로 확장된 운동인 미적분학을 엄밀한 기반 위에 놓고자 하는 노력이 그 원인이다. 그럼에도 불구하고, 비유클리드기하학의 발견은 연달아 중요한 논리적 논쟁을 야기한 지난 세월의 기하학자들의 연구의 중요한 검토에 분명히 공헌을 하였다.

좋은 예는 일관성의 문제이다. 수학적 체계는 그것이 체계 안에서 모순을 유도하는 것이 불가능하다면 **일관성**이 있다. 일관성은 중요하다. 그것이 없이는 (원리에서) 모든 것이 모순에서 나오므로 체계는 의미가 없다. 일관성은 또한 모순에 의한 증명의 기반이다. 예를 들어, 사케리는 다섯 번째 공준으로부터 모순된 결과를 유도했다고 생각했다. 그는 또한 수학은 일관되고, 따라서 모순된 결과는 불가능하다고 가정했다. 불가능이 일어났으므로 원인은 다섯 번째 공준을 부정한 그의 가정이라고 결론을 내렸다. 이 기반 위에, 그는 부정을 거부할 수 있고, 따라서 다섯 번째 공준 자체를 인정할 수 있다고 결정했다.

역사의 대부분에 있어서, 사케리처럼, 우리가 사용하는 수학적 체계의 일관성을 **가정**했다. 이 일관성을 **증명**할 수 있을까? 불행하게도, 지난 19세기에 발견된 집합론의 정리들은 가장 간단한 수학적 체계를 제외하고는 일관성의 증명은 불가능하다는 것을 나타낸다.

유클리드기하학이나 쌍곡기하학이 일관되다는 것을 아무도 증명하진 못했지만, 유클리드나 쌍곡기하학은 **상대적으로** 일관된다. 즉, 이 둘 중의 하나에 모순이 존재하면, 다른 하나에도 모순이 존재한다. 특히, (비록 사케리는 그가 쌍곡기하학에서 작업하고 있음을 인지하지 못했지만,) 사케리가 생각했듯이 만약 쌍곡기하학에서 모순이 존재하면, 모순은 유클리드기하학에서도 또한 존재하여야만 한다.

상대적 일관성의 논의는 두 기하학 모형에 기반을 두기 때문에 우리가 이것을 안다. 쌍곡기하학에 대한 우리들의 전개는 유클리드 평면(정확히는 단위원반)에서 발생되었음을 기억하라. 이로 인해 만약 쌍곡기하학에서 모순이 존재하면 이 모순은 또한 유클리드 기하학(즉, 단위원반의 유클리드기하학)의 일부가 된다. 따라서 쌍곡기하학은 적어도 유클리드기하학과 같은 정도로 일관성을 유지한다. 비슷한 논의에 따르면 유클리드기하학은 적어도 쌍곡기하학과 같은 정도로 일관성을 유지한다.

상대적 일관성의 논의는 20세기의 수리논리의 가장 눈부신 결과들의 상당수를 만들어냈다. 이것들의 뿌리는 비유클리드기하학의 발견으로 거슬러 올라간다.

## 4.4 연역적 종합

비유클리드기하학의 발견은 또한 철학적 논쟁 —연역적 종합 서술의 문제— 에 충격을 주었다.

만약 명제의 주제의 지식을 다 더한다면 명제는 종합적이다. 종합적 명제는 명제에 의해 전달된 정보가 명제의 주제의 정의에 이미 포함되어 있는 해석적 명제와 대비된다. 예를 들어, 명제 "오렌지는 과일이다"는 정의에 의해 오렌지는 어떤 나무의 과일이기 때문에 해석적이다. 반면, "오렌지는 비타민 C의 좋은 원천이다"는 오렌지의 정의에 포함된 정보를 넘어서 오렌지에 관한 우리들의 지식을 확장하므로 종합적이다.

두 번째 차이는 연역적 명제와 귀납적 명제 사이의 차이이다. 명제가 감각적 경험(즉, 현실 세계의 경험)에 대한 참고없이 유도되고 시험될 수 있다면, 연역적이다. 반면, 유도와 시험이 감각정보에 대한 참고를 필요로 하면 명제는 귀납적이다.

따라서 종합적, 연역적 명제는 (주제의 정의를 넘는) 그것의 주제에 관한 어떤 것을 드러내는 명제이고 아직은 현실 세계에 대한 참고없이 유도되거나 확인될 수 있다.

이 차이는 영향력있는 철학자 임마누엘 칸트(I. Kant)에 의해 1781년에 출판된 ⟨순수이성비판⟩에서 형성이 되었다. 이 연구에서 칸트는 철학에서의 "코페르니쿠스 혁명"을 겨누었다. 이 뜻은 코페르니쿠스가 지구와 태양 사이의 관계를 다른 과학자들이 보는 것과 정반대의 방법으로 본 것처럼 칸트도 경험세계와 정신세계를 다른 철학자들이 보는 것과 반대로 보았다. ⟨비판⟩에서 칸트는 종합적 연역적 명제의 존재를 방어했다. 그가 만든 그러한 명제의 주된 예는 수학, 주로 기하학에 있었다. 예를 들어, 명제 "모양(도형)을 닫으려면 적어도 세 직선이 필요하다"를 생각하자. 칸트에 따르면 이것과 같은 기하학적 명제는 이것이 "순수이유"에 의해 (즉, 연역적으로) 유도되므로 연역적이지만, 또한 직선 중 세 개가 모양을 감싸기 위해 필요한 "직선"이나 "모양"의 정의의 일부가 아니므로 종합적이다. 비유클리드기하학의 발견은 종합적 연역적 명제의 존재에 대한 의심을 야기했다. 예를 들어, 명제 "모양(도형)을 감싸기 위해서는 적어도 세 직선이 필요하다"는 타원기하학에서는 옳지 않다. 더욱 일반적으로 비유클리드기하학의 발견은 유클리드기하학의 명제는 반드시 현실 세계에 관한 것이라는 사고를 반박하게 됨으로, 이것은 그러한 명제들을 종합적이라는 칸트의 판단을 손상(약화)시킨다. 실제로 모든 수학적 명제는 해석적이라는 것이 오늘날의 관점이다.

가우스가 살아 있는 동안, 칸트의 추종자들은 독일철학에서 "가우스는 자신의 발견에 대한 칸트주의자들의 반응을 두려워했다"고 파악했다. 따라서 1818년에 쓴 편지에서 가우스는 다음과 같이 썼다.

> 평행이론과 그것이 속한 모든 기하학(유클리드기하학을 말함)의 오류를 인지한 것처럼 표현한 당신의 용기를, 나는 기쁘게 생각합니다. 그러나 조용한 둥지를 습격 당해 화난 말벌들이 당신 머리 위를 날아다닐 것입니다.

회고하면, 칸트주의자들의 공격에 대한 가우스의 두려움은 과장된 것처럼 보인다. 어쨌든, 칸트가 종합적 연역에 관해 실수를 했지만 철학에 아주 많은 다른 중요한 공헌을 하였으므로 그의 명성과 영향은 오랜 시간 동안 어떤 식으로든 사그러들지 않았다.

## 4.5 비유클리드기하학과 물리학, 그리고 예술

### 4.5.1 기하학적 사고와 물리학

비유클리드기하학의 발견에 화답하여 수학자와 철학자들이 현실에 대한 그들의 주제들의 관계에 관련한 그들의 사고를 개정해야만 했지만, 물리학자들은 물리적 실체를 모형화하기 위해 수학적 도구로서 기하학을 그저 계속해서 이용했다. 몇 가지 예를 보자.

**1. 특수상대성이론**

아인슈타인은 물리학의 법칙에 대한 로렌츠 불변량을 공리화했다. 더 정확하게는, 참고의 관성(중력의 영향을 받지 않는) 틀내의 관찰자에 의해 관찰된 것처럼 물리학의 법칙들은 로렌츠 변환하에서 불변이다. 에를랑겐 프로그램의 관점에서, 사실상 그의 가정은 물리학의 법칙들은 어떤 4차원 기하학의 정리들이다. 특수상대성이론에 대한 수학적 배경은 클라인의 연구에서 뿐만 아니라, 푸앵카레, 로렌츠와 민코프스키(Minkowski)의 연구에서 발견할 수 있는데, 이 과학자들 모두 로렌츠 불변량의 특별한 경우를 언급했다.

## 2. 일반상대성이론

아인슈타인은 질량의 존재는 공간-시간의 곡률을 점에 따라 바꾼다고 가정함으로써 중력을 그의 이론에 결합하였다. 이 관점에서, 물체의 입자는 물체가 물체 가까이를 통과하는 입자들의 경로를 구부리므로 그것의 바로 이웃의 공간-시간의 곡률을 바꿈으로써 다른 입자들을 끌어 잡아당기는 것 같다.

일반 상대성이론에 대한 수학적 배경은, 타원기하학이 비유클리드기하학이라는 것을 처음 인지했고 곡률이 점에 따라 변할 수 있는 기하학의 사고를 처음으로 형성한, 리만의 연구이다. 또한 언급할 만한 가치가 있는 것은 쌍곡기하학, 타원기하학과 절대기하학에서 길이와 면적에 대한 적분을 포함한 미분 불변량을 연구한 (리치와 레비-치비타를 포함한) 여러 미분기하학자의 업적이다.

## 3. 불변량의 중요성

불변량은 오늘날 고전역학에서 양자역학에 이르기까지 물리학의 중심 주제로 인식된다. 불변량은 물리적 상황의 배경대칭의 표현이고, 가장 유명한 물리법칙—보존법칙— 과 가깝게 연결되어 있다. 예를 들어, 운동량 보존의 법칙은 공간에서 평행이동 작용하에서 물리학의 불변의 결과이다. 다시 말하면, 물리학의 법칙들이 우주(공간의 평행이동)의 모든 점에서 같다고 믿어지기 때문에 운동량은 보존되어야만 한다. 비슷하게, 에너지 보존은 시간의 평행이동하에서 물리적 법칙의 불변과 연관되어 있다. 즉, 물리학의 법칙들이 시간이 지나도 변하지 않는다면, 에너지는 보존되어야만 한다.

물리적 법칙의 대칭들과 보존 법칙 사이의 연결(접속)은 1930년에 에미 뇌터(Emmy Noether)에 의해 발견되었다. 이 연구는 기하학적 불변량에 관한 19세기 연구의 직접적인 산물이었다. 그때부터, 대칭과 불변량을 찾는 것이 이론 물리학 연구의 선도 원리가 되었다.

### 4.5.2 비유클리드기하학과 예술

비유클리드기하학은 예술적이고 대중적 문화에 여러 가지 영향을 미쳤다. 19세기의 짧은 기간 동안, 비유클리드기하학은 (오늘날 혼돈이론처럼) 지적인 유행이었다. 도스트예프스키의 소설 카라마조프가의 형제들이 쓰여진 것도 이때였다. 후에, 다중차원 기하학과 (아직 더 후에) 상대성의 기하학적 사고도 비슷한 유행이 되었다.

## 4.6 결론

이 장에서는 비유클리드기하학의 발견이 천문학자, 철학자, 물리학자와 수학자들을 불안하게 했음을 증명한 몇 가지 길을 서술했다. 그러나 '엄밀성'이라는 이 발견의 긍정적인 면을 잊지 말자. 수학적 의미와 공간의 개념에 관한 모든 관심은 이 모든 영역에 대한 이해를 진정으로 개선하게 하였다. 더욱이 비유클리드기하학에서 수학은 중요하고 강력한 도구를 필요로 한다. 예를 들어, 페르마의 마지막 정리의 증명을 생각하자. 방정식

$$x^n + y^n = z^n \tag{4.1}$$

은 피타고라스 세 짝이라 불리는 많은 해가 존재하는 $n = 2$인 경우를 제외하고는 정수해를 갖지 않는다. 피에르 페르마에 의해 이 명제가 만들어진 후부터 이 명제의 증명은 수학자들을 슬슬 피해 다녔다. 수세기 동안 이 문제는 가장 잘 알려진 수학의 미해결 문제이었다. 그런데, 1993년 6월에 앤드류 와일스(A. Wiles)가 완벽하다는 증명을 발표했는데, 그 뒤 약간의 오류가 발견되었다. 1년간의 수정 끝에 와일스는 오류를 바로잡아 1994년 10월에 정리를 완벽하게 증명하였다(Annals of Mathematics, 1995년 3월호에 발표). 와일스의 증명은 지난 세기의 난해한 여러 기하학의 성질을 이용하였다. 우연히 와일스의 증명의 비유클리드기하학에의 의존은 쌍곡기하학은 일관성이 없다고 주장하는 유명한 기자 매릴린 보스 사완트에 의해 비난받았다.

실제로 쌍곡기하학(과 유클리드기하학)의 일관성은 정말로 증명되지는 않았다. 그러나 그것이 반증되지도 않았고, 또 수학의 어떤 심각한 부분의 일관성도 증명되지 않았다. 더욱이, 앞서 말했듯이, 쌍곡기하학은 유클리드기하학과 꼭 같은 정도로 상대적으로 일관성을 유지한다. 발견된지 거의 200년 동안 비유클리드기하학이 논쟁의 원천으로 남아있다는 것은 놀랄만한 일이다.

## 생각하는 문제

1. **대상의 현실**: 이 용어의 의미는 무엇인가? 대상의 현실이 존재한다는 것을 믿는가? 대상 현실의 믿음을 정당화하기 위해 어떤 종류의 증거들이 제시될 수 있는가? 만약 대상의 현실이 존재한다면 그것은 어떻게 생겼는가? 많은 철학자들이 제안했듯이 이것의 특성은 근본적으로 추상적이고 수학적인가?

2. **연역적 종합**: 명제가 연역적 종합적 명제가 되기 위해 가져야 할 성질들이 무엇인지 설명하라. 방어적으로 종합적 연역적인 것으로 고려될 수 있는 명제의 예를 들어라. 여러분의 목록에 수학적 명제와 성경의 진리를 포함하라. 여러분의 관점에서 종합적 연역성의 존재에 대해 만들 수 있는 가장 강한 경우는 무엇인가?

3. **수학의 의미**: 수학은 무엇에 관한 것인가? 이것은 대상의 실재에 대한 것인가? 물리적 현실에 관한 것인가? 이것은 영적인 현실에 관한 것인가? 수학의 의미는 영역에 따라 다른가?

4. **상대적 일관성**: 이 책과 〈유클리드기하학〉(고석구, 경문사, 2004)에서 소개된 모형들의 기반위에서 여러 가지 기하학의 상대적 일관성을 증명하는 것이 가능하다. 예를 들어, 사영기하학은 3차원 유클리드기하학에 기반을 둔 모형에 의해 서술된다. 그러므로, 유클리드기하학의 일관성은 사영기하학의 일관성을 의미(내포)한다. (동일하게, 사영기하학의 불일관성은 3차원 유클리드

공간의 불일관성을 내포한다.) 쌍곡기하학, 유클리드기하학, 타원기하학과 사영기하학 중에서 어떤 다른 상대적 일관성 논의를 만들 수 있는가? 토론에서 2차와 3차원 모두를 포함하라.

5. **수학의 일관성**: 가장 간단한 수학적 체계를 제외한 모든 것의 일관성의 내적 증명은 불가능하다. 외적 증거가 수학의 체계의 일관성에 빛을 발할 수가 있는 것이 가능한가? 이 외적 증거의 특징은 무엇인가? 수학의 일관성을 믿는가? 그렇다면 여러분의 믿음에 대한 이유는 무엇인가? 그렇지 않다면 여러분의 의심에 대한 이유는 무엇인가? 비유클리드기하학의 존재가 이 논점에 대해 역할을 담당하는가?

6. **수학과 물리학의 관계**: 현대 물리학은 수학과 굳건한 관련을 갖는다. 이 관계가 우연인 것을 믿는가, 아니면 물리학은 반드시 수학적 언어 안에서 틀이 형성되어야 하는가? 그렇다면 왜 이 관계가 존재하는가?

7. **작가와 수학**: 소설과 비소설의 대부분의 저자는 수학의 과장된 관점을 택한다. 그들의 작업에서 수학은 초지식, 모든 강력한 규율로서 존경되거나 또는 모호성의 정상에서 비현실적인 무의미의 잡동사니로서 무자비하게 풍자되었다. 수학, 특히 (비유클리드와 고차원) 기하학에 대한 문학적 태도를 조사하라. 도스토예프스키[1], 비트키에비츠(S. Witkiewicz, 1885-1939)[2]와 스토퍼드(T. Stoppard, 1937- )[3] 등의 작품으로부터 시작할 수 있다. 과학 상상소설은 자료의 분명한 원천이지만 이 밖의 형태도 또한 살펴보라. 수학에 대한 작가들의 어떤 특정한 태도를 관찰할 수 있는가?

   여러분의 편리와 시간 절약을 위해 다음에 각 작품에서 필요한 부분을 발췌하여 놓았다.

---

1) 여기서 살펴봐야 할 작품은 '카라마조프가의 형제들'(1879-1880)이다.

2) 폴란드의 극작가, 소설가 겸 화가. '검둥오리'(Kurka Wodna), '광인과 수녀'(Wariat i Zakonnica) 등을 썼는데, 여기서 살펴봐야 할 작품은 '광인과 수녀'이다.

3) 영국의 극작가, '로렌크라츠와 길덴스턴은 죽었다'와 '이상향'(Arcadia) 등을 썼는데, 여기서 살펴봐야 할 작품은 '이상향'이다.

카라마조프가의 형제들(1880).(중략)

우리가 지금 대화하고 있는 목적이 무엇인가? 내가 이해하고 있는 바, 내 편에서의 목적은 내가 어떤 종류의 사람인가, 내가 무엇을 믿는가, 내가 무엇을 희망하고 있는가를 가능한 한 짧게 당신에게 설명하는 것이다. 따라서 나는 신을 믿는다고 평범하고 짧게 대답하겠다. 그러나 나는 한 가지를 확실히 해야 하겠다. 신이 존재하고 그가 정말로 세상을 창조했다면, 우리가 잘 알고 있듯이, 그는 유클리드기하학의 원리에 따라 세상을 만들었고 인간의 두뇌가 3차원 공간만 이해할 수 있도록 만들었다. 그러나 전체 우주, 또는 더 일반적으로 말해서, 모든 존재는 유클리드기하학에 맞도록 창조되었다는 것을 의심하는 수학자들과 철학자들—그 중에는 대단히 우수한 사람도 있었다—이 있었고 지금도 있다. 그들은 유클리드에 따르면 지구상에서는 결코 만나지 않는 평행하는 두 직선은 실제로 무한의 어딘가에서 만날 것이라는 상상을 하는 모험을 한다. 그래서 나는 내가 그렇게 많이 이해할 수 없기 때문에 신에 관해 이해할 수 없다고 결정하였다. 나는 그러한 문제들에 대처할 특별한 능력을 가지고 있지 않고, 나의 머리는 지구상의 유클리드 머리이고 따라서 나는 이 세상의 문제가 아닌 일들에 대해서는 적절하게 처리할 수 없다는 것을 겸손하게 받아들인다. 그리고, 나는 또한 알요샤 당신에게 신이 존재하든지 안 하든지 신에 관한 모든 것의 조금이라도 이 일들에 대해서는 결코 생각하지 말라고 충고하고자 한다. 모든 그러한 문제들은 3차원만 생각할 수 있도록 창조되어진 마음에는 전적으로 맞지를 않는다.

광인과 수녀(1921). (중략)

코르보브스키: (경찰에 잡혀 있다.) 그것은 문제가 되지 않아. 혁명이 진행되고 있어. 우리는 다시 만날거야. 그리 오래 걸리지 않을거야. 아마도 오늘 우리는 모두 자유의 몸이 될거야. 앨리스야, 나는 너를 사랑했었고 오로지 너만이 추잡한 상태의 4차원과 비. 유클리드기하학에 있는 것처럼 그렇게 끔찍한 죄를 많이 저질렀단다.

이상향(1993). (중략)

토마시나: 셉티머스, 종처럼 생긴 곡선이 있다면, 블루벨(종모양의 남빛 꽃이 피는 꽃)과 같은 방정식이 분명히 있고 블루벨이 있다면, 장미는 왜 없겠는가? 우리는 자연이 수로 쓰여졌다는 것을 믿는가?

셉티머스: 그럼요, 믿지요.

토마시나: 그러면 왜 너의 방정식들은 제품의 모양들만 서술하는가?

셉티머스: 나는 모릅니다.

토마시나: 무장했으므로, 신은 진열장만 만들 수 있어.

셉티머스: 신은 우리가 이해하고 따라갈 수 없는 무한으로 인도하는 방정식들에 대한 전문가입니다.

토마시나: 실낱같은 마음이구나! 우리는 미궁 속에서부터 밖으로 나오면서 일을 해야만 해.

**8. 예술가와 수학**: 전체적으로 보아 예술가들은 수학에 대해 상식적인 태도를 가진 것으로 보인다. 결국 그들은 이론을 이용하지는 않지만 필연적으로 기하학을 이용해 작업한다. 수학을 의도적으로 이용하거나 수학에 대해 언급한 예술 작품의 목록을 만들어라. 뒤러, 달리와 클리 등의 작품부터 시작할 수 있다. 수학의 예술적 이용에서 어떤 경향을 관찰할 수 있는가?

# 찾아보기

제2판

# 비유클리드 기하학

지은이 고석구
펴낸이 박문규
펴낸곳 KM 경문사
펴낸날 2003년 8월 20일 1판 1쇄
2006년 1월 10일 2판 2쇄
등 록 1979년 11월 9일 제9-9호
주 소 121-818, 서울특별시 마포구 동교동 184-17
전 화 (02)332-2004 팩스 (02)336-5193
E-mail kms2004@kyungmoon.com

값 10,000원

ISBN 89-7282-883-1

★ 경문사 홈페이지에 오시면 즐거운 일이 생깁니다.
http://www.kyungmoon.com